Die Kapitalsituation im Handwerk

Wirtschaftswissenschaftliche Beiträge

Band 1: Christof Aignesberger
Die Innovationsbörse als Instrument zur Risikokapitalversorgung innovativer mittelständischer Unternehmen
1987. 326 Seiten. Brosch. DM 69,-
ISBN 3-7908-0384-7

Band 2: Ulrike Neuerburg
Werbung im Privatfernsehen
1988. 302 Seiten. Brosch. DM 69,-
ISBN 3-7908-0391-X

Band 3: Joachim Peters
Entwicklungsländerorientierte Internationalisierung von Industrieunternehmen
1988. 165 Seiten. Brosch. DM 49,-
ISBN 3-7908-0397-9

Band 4: Günther Chaloupek
Joachim Lamel und Josef Richter (Hrsg.)
Bevölkerungsrückgang und Wirtschaft
1988. 478 Seiten. Brosch. DM 98,-
ISBN 3-7908-0400-2

Band 5: Paul J. J. Welfens und Leszek Balcerowicz (Hrsg.)
Innovationsdynamik im Systemvergleich
1988. 466 Seiten. Brosch. DM 90,-
ISBN 3-7908-0402-9

Band 6: Klaus Fischer
Oligopolistische Marktprozesse
1988. 169 Seiten. Brosch. DM 55,-
ISBN 3-7908-0403-7

Band 7: Michael Laker
Das Mehrproduktunternehmen in einer sich ändernden unsicheren Umwelt
1988. 209 Seiten. Brosch. DM 58,-
ISBN 3-7908-0413-4

Band 8: Irmela von Bülow
Systemgrenzen im Management von Institutionen
1989. 278 Seiten. Brosch. DM 69,-
ISBN 3-7908-0416-9

Band 9: Heinz Neubauer
Lebenswegorientierte Planung technischer Systeme
1989. 183 Seiten. Brosch. DM 55,-
ISBN 3-7908-0422-3

Band 10: Peter Michael Sälter
Externe Effekte: „Marktversagen" oder Systemmerkmal?
1989. 196 Seiten. Brosch. DM 59,-
ISBN 3-7908-0423-1

Band 11: Peter Ockenfels
Informationsbeschaffung auf homogenen Oligopolmärkten
1989. 163 Seiten. Brosch. DM 58,-
ISBN 3-7908-0424-X

Band 12: Olaf Jacob
Aufgabenintegrierte Büroinformationssysteme
1989. 177 Seiten. Brosch. DM 55,-
ISBN 3-7908-0430-4

Band 13: Johann Walter
Innovationsorientierte Umweltpolitik bei komplexen Umweltproblemen
1989. 208 Seiten. Brosch. DM 59,-
ISBN 3-7908-0433-9

Band 14: Detlev Bonneval
Kostenoptimale Verfahren in der statistischen Prozeßkontrolle
1989. 180 Seiten. Brosch. DM 55,-
ISBN 3-7908-0440-1

Band 15: Thomas Rüdel
Kointegration und Fehlerkorrekturmodelle
1989. 138 Seiten. Brosch. DM 49,-
ISBN 3-7908-0441-X

Band 16: Konrad Rentrup
Heinrich von Storch, das „Handbuch der Nationalwirthschaftslehre" und die Konzeption der „inneren Güter"
1989. 146 Seiten. Brosch. DM 55,-
ISBN 3-7908-0445-2

Band 17: Manfred A. Schöner
Überbetriebliche Vermögensbeteiligung
1989. 417 Seiten. DM 98,-
ISBN 3-7908-0446-0

Band 18: Paulo Haufs
DV-Controlling
1989. 166 Seiten. DM 55,-
ISBN 3-7908-0447-9

Band 19: Rainer Völker
Innovationsentscheidungen und Marktstruktur
1989. 221 Seiten. Brosch. DM 65,-
ISBN 3-7908-0452-5

Band 20: Petra Bollmann
Technischer Fortschritt und wirtschaftlicher Wandel
1989. 184 Seiten. Brosch. DM 59,-
ISBN 3-7908-0453-3

Band 21: Franz Hörmann
Das Automatisierte, Integrierte Rechnungswesen
1989. 408 Seiten. Brosch. DM 89,-
ISBN 3-7908-0454-1

Band 22: Winfried Böing
Interne Budgetierung im Krankenhaus
1990. 274 Seiten. Brosch. DM 69,-
ISBN 3-7908-0456-8

Band 23: Gholamreza Nakhaeizadeh und Karl-Heinz Vollmer (Hrsg.)
Neuere Entwicklungen in der Angewandten Ökonometrie
1990. 248 Seiten. Brosch. DM 68,-
ISBN 3-7908-0457-6

Band 24: Thomas Braun
Hedging mit fixen Termingeschäften und Optionen
1990. 167 Seiten. Brosch. DM 55,-
ISBN 3-7908-0459-2

Band 25: Georg Inderst, Peter Mooslechner und Brigitte Unger (Hrsg.)
Das System der Sparförderung in Österreich
1990. 126 Seiten. Brosch. DM 55,-
ISBN 3-7908-0461-4

Band 26: Thomas Apolte und Martin Kessler (Hrsg.)
Regulierung und Deregulierung im Systemvergleich
1990. 313 Seiten. Brosch. DM 79,-
ISBN 3-7908-0462-2

Band 27: Joachim Lamel/Michael Mesch/Jiři Skolka (Hrsg.)
Österreichs Außenhandel mit Dienstleistungen
1990. 335 Seiten. Brosch. DM 79,-
ISBN 3-7908-0467-3

Fortsetzung auf Seite 178

Ursula Nessmayr

Die Kapitalsituation im Handwerk

Empirische Untersuchung für die Handwerksbetriebe in Ostbayern

Mit 39 Abbildungen

Physica-Verlag Heidelberg

Reihenherausgeber
Werner A. Müller

Autor
Dipl.-Betriebswirt Ursula Nessmayr
Fachbereich Betriebswirtschaft
Fachhochschule Regensburg
Seybothstraße 2
D-8400 Regensburg

CIP-Titelaufnahme der Deutschen Bibliothek
Nessmayr, Ursula:
Die Kapitalsituation im Handwerk: empirische Untersuchung für die Handwerksbetriebe in Ostbayern / Ursula Nessmayr. – Heidelberg: Physica-Verl., 1990
(Wirtschaftswissenschaftliche Beiträge; 35)

ISBN-13: 978-3-7908-0495-9 e-ISBN-13: 978-3-642-46914-5
DOI: 10.1007/978-3-642-46914-5

NE: GT

7120/7130-543210

Vorwort

Die Handwerkskammer Niederbayern Oberpfalz hat diese Untersuchung in dankenswerter Weise gefördert.

Insbesondere möchte ich Herrn Diplom-Volkswirt Johann Scherr, Hauptabteilungsleiter der Kammer und Befürworter des Projektes, für die hilfreiche Unterstützung danken.

Besonderer Dank gilt auch Herrn Professor Dr. Gottfried Nahr, der durch seine Richtungsweisung und Begleitung als "spiritus rector" wesentlich zum Gelingen der Untersuchung beigetragen hat.

Der Verfasser

INHALTSVERZEICHNIS

Seite

Seite

Abschnitt I

Einführung

Die Kapitalsituation in der deutschen Wirtschaft mit ihrer häufig beklagten niedrigen Eigenkapitalausstattung und den während der letzten 20 Jahre ständig gesunkenen Eigenkapitalquoten ist ein viel behandeltes Thema in der Öffentlichkeit.[1] Besonders im Mittelstand wird die Abschmelzung der Eigenmittel beklagt[2] und zunehmend wird auch die These vertreten, daß Eigenkapitalausstattung und Betriebsgröße positiv korreliert seien[3], wobei der erzielte Umsatz als Maßstab dient.[4] Auch die Rechtsform der Unternehmen sei hierbei ein wesentliches Kriterium, denn gerade Einzelunternehmen und Personengesellschaften seien von der Kapitalauszehrung stärker betroffen als Kapitalgesellschaften.[5]

Im Handwerksbereich gibt es vornehmlich kleinere und mittlere Betriebe[6], die in sehr großer Zahl als Einzelunternehmen geführt werden.[7] Die Kapitalausstattung dieser Betriebe müßte demzufolge niedrig sein, was ja auch stets von den Fachverbänden des Handwerks angeprangert wird.[8] [9]

1) Verwiesen sei hier auf zahlreiche Kommentare und Publikationen in Presse und Funk zum Thema Eigenkapitalausstattung von Unternehmen. - Vgl. auch Deutsche Bundesbank (Hrsg.), Jahresabschlüsse 1965-1976 (1978) und verschiedene Monatsberichte, die von ständig sinkender Tendenz bis zum Jahr 1983 berichten und danach eine gewisse Stagnation auf niedriger Ebene feststellen.

2) Vgl. Albach, Horst: Ertragslage und Kapitalstruktur kleiner und mittlerer Unternehmen des verarbeitenden Gewerbes in der Bundesrepublik Deutschland. Gutachten erstellt im Auftrag des Bayerischen Staatsministeriums für Wirtschaft und Verkehr 1988.

3) Anmerkung: Eine Ausnahme bilden die ganz kleinen Unternehmen.

4) Vgl. Fritsch, Ulrich: Die Eigenkapitallücke in der Bundesrepublik Deutschland, Köln 1981, S. 20

5) ebenda, S. 22

6) Vgl. Bundesministerium für Wirtschaft: Das Handwerk, Juni 1987, S. 12

7) Vgl. hierzu Darstellung 2 und Darstellung 3 (Anmerkung: in der Literatur und Statistik liegen keine aktuellen Daten über die Rechtsformen im gesamten deutschen Handwerk vor)

8) Vgl. Handwerkskammer Hamburg: Hamburger Handwerk 1987, Broschüre, S. 16

9) Vgl. Handwerkskammer Niederbayern Oberpfalz: Handwerkswirtschaft in Niederbayern Oberpfalz 1987, Broschüre, S. 20

Diese Vermutung zu überprüfen ist Gegenstand der vorliegenden Arbeit. Dazu wurde eine Untersuchung im Ostbayerischen Handwerk, stellvertretend hierfür in der Stadt Weiden und dem Landkreis Neustadt an der Waldnaab, durchgeführt.

Mit Hilfe einer empirischen Umfrage wurde die Kapitalsituation der im genannten Gebiet ansässigen Handwerksbetriebe aufgedeckt und dargestellt.

Aufdecken kann man nur etwas, was zuvor verdeckt, verborgen, dem Blicke entzogen war. Es drängt sich die Frage auf, ob die Wahl des Begriffes "aufdecken" in diesem Zusammenhang nicht irreführend ist. Ist die Kapitalsituation im Handwerk tatsächlich ein Geheimnis?

Umfangreiche Recherchen im gesamten Bundesgebiet sowohl bei staatlichen Stellen auf Länder- und Bundesebene (zum Beispiel Statistische Ämter, Ministerien für Wirtschaft und Finanzen, Bundesbank) wie auch bei öffentlich-rechtlichen Institutionen (zum Beispiel Verbände der Handwerkskammern, Sparkassen-Girozentralen, Kreditgarantiegemeinschaften etc.) und auch bei privatrechtlichen Unternehmen (verschiedene Großbanken) zeitigten eine annähernd gleiche Resonanz mit einem allerdings exakt übereinstimmenden Ergebnis: Alle Fragen zur Kapitalsituation im Handwerk blieben dem Grunde nach unbeantwortet.

Zutreffend und stellvertretend für sämtliche Auskünfte sei folgende Formulierung des Bayerischen Handwerkstages, München, zitiert: "...in unserem Hause gibt es derzeit leider keine Unterlagen zur Kapitalsituation im ostbayerischen Handwerk. Auch für das Handwerk in Bayern insgesamt existieren keine grundsätzlichen Ausführungen zu diesem Thema...".

Dabei wurden keineswegs nur gegenwärtige Daten recherchiert. Die Anfragen richteten sich insbesondere auch auf die Vergangenheit, zurück bis ins Jahr 1977, um eventuelle frühere Untersuchungen und die Erfahrungen daraus in die geplante empirische Umfrage einbeziehen zu können.

Ein Resultat trat ganz klar zutage: Die Kapitalsituation im Handwerk ist ein gut gehütetes Geheimnis, ganz im Gegensatz zu anderen Daten und Kennzahlen aus dem Handwerksbereich, die in ungeheuerer Fülle zur Verfügung stehen. Untersuchungen und Statistiken zu Gebieten wie Beschäftigung, Umsatz, Wachstum, Ausbildung, Betriebsbestand usw. werden fortlaufend geführt und veröffentlicht und bieten immerhin eine Beurteilungsmöglichkeit für die Entwicklung des Handwerks im Vergleich zu den anderen Sektoren Industrie, Handel und Dienstleistung.

Trotzdem gibt es eine Reihe von Aussagen zu "Eigenkapitalquoten im Handwerk"[1], die von ständig sinkender Tendenz berichten.[2] Bei näherer Betrachtung haben diese Aussagen keine oder nur sehr wenig Belegkraft für das Handwerk, denn noch nie wurde das Handwerk empirisch u n d repräsentativ zu seiner Kapitalsituation befragt. Darauf wird im vorliegenden Bericht eingegangen. Die möglichen Ursachen für dieses Informationsdefizit liegen wohl im mangelnden Vertrauen auf die Erfolgsträchtigkeit solcher Handwerksumfragen.

Aussagen zur Kapitalsituation im Handwerksbereich bedingen auch der Betrachtung der einflußnehmenden Randfaktoren. Dazu gehören die allgemeine Wirtschaftslage, die Finanzierungsproblematik einschließlich staatlicher Förderungsprogramme, die privaten Besitzverhältnisse der Unternehmenseigner, die stillen Reserven der Unternehmen und die Organisationsstruktur der bürotechnischen Abwicklung.

1) Vgl. Heinrich, Detlef: Die Finanzierungsproblematik im Produzierenden Handwerk, Göttingen 1985, S. 335 ff.

2) Vgl. Dresdner Bank: Brancheninformationen zum Handwerk, November 1987: Aussage des Zentralverbandes des Deutschen Handwerks, Bonn, gestützt auf den Bericht der Deutschen Bundesbank, April 1985.

1. Problemstellung

Eine Untersuchung der vorgenannten Kriterien kann nur bewältigt werden, wenn Unternehmensdaten zur Verfügung stehen, die aufgrund ihrer Aussagekraft und ihrer Vollständigkeit genügend Beweismaterial für ein umfassendes Gesamtbild liefern. Solche Unternehmensdaten können aber nur durch die Unternehmen selbst richtig und umfangreich dargestellt werden.

Aus diesem Grund ist das Haupterfordernis für die gewünschte Erkenntnisgewinnung eine direkte Befragung der Unternehmen.

Unter Verwendung eines Fragebogens wurde eine Direktbefragung bei Firmen durchgeführt. Auf die Frage der Repräsentativität wurde hierbei besonderer Wert gelegt, wobei gerade die Heterogenität des Handwerks Berücksichtigung fand.

Eine statistische und analytische Auswertung der gewonnenen Daten kann nur im Zusammenhang mit den unternehmensspezifischen Eigenschaften geschehen. Deshalb sind die Erkenntnisgewinne stets auf solche Eigenschaften bezogen. Wichtige Faktoren sind hier Betriebsgröße, Branchen beziehungsweise Sparten und die Rechtsform der Unternehmen.

Die Untersuchung soll die Kapitalsituation im ostbayerischen Raum aufzeigen. Da ein wesentliches Merkmal im ostbayerischen Raum das Zonenrandförderungsgebiet oder auch Gebiet der Gemeinschaftsaufgabe ist, muß als weiterer wichtiger Faktor die regionale Lage der Unternehmen betrachtet werden.

2. Die Behandlung des Themas in der Literatur und die bisherige Forschung

Wie bereits eingangs erwähnt, gibt es zahlreiche Abhandlungen zum Thema "Kapital", insbesondere zu Teilgebieten wie Eigenkapitalausstattung, Finanzierungsproblematik, Verschuldungsgrade, Insolvenzen usw.[1] Ebenso zahlreich wie kontinuierlich werden auch Statistiken geführt, die über Eigenkapitalquoten und andere Strukturzahlen aus der Bilanz- und Erfolgsrechnung Auskunft geben sollen.[2]

Gemeinsam ist diesen Kennziffern jedoch ein wesentlicher Mangel. Sie sind nicht repräsentativ und daher auch nicht anwendbar auf einen Querschnitt aller Unternehmen.

Umfassend begründet wurde dieser Sachverhalt beim 1. Bayreuther Symposium für Betriebswirtschaft[3], bei dem unter dem Generalthema "Zur Lage der Mittelstandsfinanzierung in Deutschland" auf Einladung des Betriebswirtschaftlichen Forschungszentrums für Fragen der mittelständischen Wirtschaft e. V. an der Universität Bayreuth ein Kreis von Experten aus Wirtschaft, Wissenschaft und Politik die Kapitalbildung und -entwicklung mittelständischer Unternehmen in der Bundesrepublik Deutschland analysierte. Wossidlo[4] erläuterte, daß für die These der sin-

1) Vgl. zum Thema Kapital und Finanzierung: Albach, H.: Finanzierungsregeln und Kapitalstruktur der Unternehmung, in: Christians, F. W. (Hrsg.), Finanzierungshandbuch, Wiesbaden 1980, S. 393 - 416; Büschgen, H. E.: Grundlagen betrieblicher Finanzwirtschaft, Unternehmensfinanzierung. 2. völlig neu bearbeitete Auflage, Frankfurt/M., 1979; Gieske, F.: Finanzanalyse, in: Christians, a.a.O., S. 519 - 535; Schneider, D.: Investition und Finanzierung. Lehrbuch der Investitions-, Finanzierungs- und Ungewißheitstheorie, 5. Auflage, Wiesbaden 1980; Vormbaum, H.: Finanzierung der Betriebe, 6. durchgesehene Auflage, Wiesbaden 1981; Vgl. zum Thema Verschuldungsgrade und Insolvenzen: Reske, W./ Brandenburg, A./ Mortsiefer, H.-J.: Die Insolvenzursachen mittelständischer Betriebe, 2. Auflage, Göttingen 1978; Schimmelpfeng: Ergebnisse der Befragung von Konkursverwaltern über Konkursursachen, in: Schimmelpfeng (Hrsg.), Aktuelle Beiträge über Insolvenzen, Frankfurt/M. 1977; Verband der Vereine Creditreform: Jahresbericht (verschiedene Jahrgänge)

2) vgl. hierzu besonders die Statistiken und Ausführungen der Statistischen Ämter auf Bundes- und Länderebene sowie der Deutschen Bundesbank

3) Vgl. Wossidlo, Peter Rütger: Die Finanzierung mittelständischer Unternehmungen in Deutschland / 1. Bayreuther Symposium für Betriebswirtschaft, Bayreuth, 3. - 4. März 1983. - Berlin: Duncker und Humblot, 1985.

4) Vgl. Wossidlo, a.a.O.

kenden Eigenkapitalquoten im Zusammenhang mit der Abnahme der Betriebsgröße zwar statistische Analysen verfügbar seien, diese allerdings ausgesprochen lückenhaft und dadurch schwer vergleichbar ausfielen. Insgesamt fehle es an repräsentativen Erhebungen. Die den vorhandenen Statistiken zugrunde liegenden Daten seien außerdem nur aus solchen Jahresabschlüssen gewonnen, die zum Zwecke der Bonitätsprüfung auf Wechseldiskontfähigkeit bei den Landeszentralbanken eingereicht wurden.[1]

Dies wird durch die methodischen Erläuterungen der Deutschen Bundesbank bestätigt, die den Statistiken über Strukturzahlen beigeordnet sind.[2] Demnach sind in diesen Statistiken überhaupt keine Unternehmen enthalten, die entweder keine Wechsel ausstellen oder nicht bundesbankfähige Wechselverpflichtungen eingehen. Ähnlich wenig Aussagekraft besitzen die Untersuchungen des Statistischen Bundesamtes.[3]

Die Materiallage für repräsentative Aussagen zum Stand der Eigenkapitalausstattung in der deutschen Wirtschaft beurteilten auch andere Teilnehmer des Symposiums. Gruhler zum Beispiel führte aus, daß praktisch kein verwertbares und gleichzeitig repräsentatives Material existiere.[4] Es lägen so gut wie keine umfassenden amtlichen Gesamtstatistiken oder Hochrechnungen geschichteter Stichproben vor. Dies sei mit eine Ursache für die zum Teil sehr unterschiedlichen Aussagen über Eigenkapitalquoten, wozu auch noch uneinheitliche Definitionskriterien und Größenabgrenzungen beitrügen. Eine Untersuchung der IHK Koblenz ergäbe zum Beispiel ganz im Gegenteil zu den im allgemeinen vertretenen Statistikauslegungen keine Verschlechterung der Eigenmittelquote bei Abnahme der Betriebsgröße,

1) Vgl. Wossidlo, a.a.O., S. 30

2) Vgl. Sonderdrucke der Deutschen Bundesbank: Verhältniszahlen aus den Jahresabschlüssen der Unternehmen in der Bundesrepublik Deutschland, verschiedene Jahrgänge.

3) Anmerkung: Hier werden nur die Bilanzen von Kapitalgesellschaften und publizitätspflichtigen Personengesellschaften ausgewertet.

4) Vgl. Gruhler, W.: Aspekte der Eigenkapitalausstattung deutscher Unternehmen unter besonderer Berücksichtigung der Unternehmensgröße, der Rechtsform und des Wirtschaftsbereichs, in: Die Finanzierung mittelständischer Unternehmen in Deutschland, herausgeg. von Wossidlo, a.a.O., S. 65 ff.

sondern sogar eine Umkehrung. Demnach seien die kleinen Unternehmen besser mit Eigenkapital ausgestattet als die mittleren und großen Betriebe.[1]

Auch Irsch[2] stellte die These der geringeren Eigenkapitalausstattung der kleineren Unternehmen - im Vergleich zu den Großunternehmen - in Frage. Untersuchungen hätten ergeben, daß der Einfluß der Unternehmensgröße auf die Eigenkapitalausstattung vernachlässigbar gering sei.

Gabele[3] schließlich warnte vor einer Aussagenableitung aus Durchschnittsbetrachtungen für spezifische Fälle. Gerade das träfe aber im Problemkreis des Handwerks mit seiner vielschichtigen Differenziertheit zu, wenn man Durchschnittsstrukturdaten des Verarbeitenden Gewerbes aus den bekannten Statistiken auf den Handwerksbereich übertragen wollte.

Durchschnittliche Eigenkapitalquoten auf alle Unternehmen zu übertragen und dabei lediglich nach Umsatzgröße zu differenzieren ist aber auch insgesamt unzulässig, da die besondere Heterogenität der Kapitalstruktur im Bereich der mittelständischen Unternehmen nicht pauschaliert werden kann.[4]

Albach`s Untersuchung der Ertragslage und Kapitalstruktur kleiner und mittlerer Unternehmen kommt zum Ergebnis, daß die "kleinsten" Unternehmen (hier Unternehmen mit einem Jahresumsatz < 5 Mio. DM) auch die niedrigste Eigenkapitalquote haben.[5] Wenn man die Datenbasis betrachtet, auf welcher die Untersuchung fußt, stellt sich schnell die Erkenntnis ein, daß eine Aussage dieser Art keineswegs verallgemeinert werden kann. Albach standen rund 2.500 Bilanzen und Erfolgsrechnungen aller

1) Anmerkung: Vgl. hierzu das Untersuchungsergebnis der vorliegenden Umfrage.

2) Vgl. Wossidlo, a.a.O., S. 166: Symposiumteilnehmer Dr. Norbert Irsch, Kreditanstalt für Wiederaufbau, Frankfurt/Main.

3) Vgl. Wossidlo, a.a.O., S. 167: Symposiumteilnehmer Prof. Dr. Eduard Gabele, Universität Bamberg, Bamberg.

4) Irsch, Norbert: Die Eigenkapitalausstattung mittelständischer Unternehmen, in: Wirtschaftdienst, Hamburg 1985/X, S. 525 - 530

5) Vgl. Albach, Horst, a.a.O., S. 23

Größenklassen im Geschäftsbereich der Industriekreditbank zur Verfügung. Die Klientel der Industriekreditbank umfaßt bestimmte Bereiche des verarbeitenden Gewerbes. Handwerksbetriebe mit industriellem Hintergrund dürften gemäß ihrer Gesamtzahl im Wirtschaftsgeschehen gegenüber den Handwerksbetrieben ohne industriellen Hintergrund unterrepräsentiert sein. Das gleiche gilt für die Betriebsgrößen, die zum Beispiel in Albach`s Untersuchung bei den "kleinsten" Unternehmen bei durchschnittlich 18 Mitarbeitern[1] liegt. Im Handwerk ist die durchschnittliche Mitarbeiterzahl pro Betrieb 7,7.[2]

Aber auch die Einteilung der Betriebsgröße nach Umsätzen gibt keine Grundlage für eine Verallgemeinerung. Die Stichprobe der Industriekreditbank-Klientel umfaßt nur einen Anteil von 15,5 Prozent "kleinste" Unternehmen[3], das heißt, Unternehmen, die weniger als 5 Mio DM Umsatz im Jahr machen. Die durchschnittliche Betriebsleistung betrug hier 2,7 Mio DM, wobei Unternehmen mit weniger als 1 Mio DM jährlicher Betriebsleistung unterrepräsentiert sind.

Im Verarbeitenden Gewerbe fallen 87 Prozent der mittelständischen Unternehmen auf den Größenbereich unter 2 Mio DM Umsatz, rund 97 Prozent haben einen Umsatz von weniger als 5 Mio DM.[4]

Eine Verallgemeinerung des Untersuchungsergebnisses nach Albach ist wegen der großen Unterrepräsentanz selbst der größten mittelständischen Schicht also nicht ratsam.

Jedoch muß in diesem Zusammenhang der Begriff "Mittelstand" exakt definiert sein. Albach spannt den Mittelstand von unter 5 Mio bis 1.000 Mio DM Umsatz. Neben einer Reihe von verbalen Erklärungen, zum Beispiel Ludwig Erhard's qualitativer Erwei-

1) ebenda, S. 3

2) Vgl. Bundesministerium für Wirtschaft: Das Handwerk, a.a.O., S. 12

3) Vgl. Albach, (1988) a.a.O., S. 101

4) Vgl. Irsch, a.a.O., S. 530

terung des Begriffs um Gesinnung und Haltung[1], gibt es auch eine mathematisch festgelegte Größenordnung des Mittelstandsbegriffes. Das Institut für Mittelstandsforschung zum Beispiel zählt Unternehmen unter 500 Beschäftigte und/oder Unternehmen mit Jahresumsätzen geringer 100 Mio DM zum Mittelstand.[2] Gerade diese unterschiedlichen Definitionen und Spannbreiten erklären doch zumindest einen Teil der mangelnden Repräsentativität und Aussagen.

Eine umfassende Studie zur Finanzierungsproblematik im Produzierenden Handwerk liegt von Heinrich, Seminar für Handwerkswesen an der Universität Göttingen, vor.[3] Die der Untersuchung zugrunde liegende Datenbasis wurde aus sekundärstatistischem Material und einer breit angelegten empirischen Befragung von Betriebsberatern im Handwerk gewonnen.[4]

Heinrich geht in seiner Studie auf die Kapitalstrukturen und die Eigenkapitalquoten ein. Eine Untersuchung der Bilanzen und Erfolgsrechnungen bei Handwerksbetrieben sei aber bisher nicht versucht worden, da Zuordnungs- und Abgrenzungsprobleme in den Bilanzen und die Betriebsgrößendifferenzierung unüberwindliche Hindernisse seien. Unterstützend wird die Untersuchung einer Arbeitsgruppe des Bundesministerium für Wirtschaft angeführt, die resignierend festgestellt habe, daß Untersuchungen zu diesem Thema wenig sinnvoll seien.[5]

Auch Bachmann[6] untersuchte 1987/88 die Finanzierungsverhältnisse im Handwerk. Dabei bediente auch er sich einer Befragung der Betriebsberater der Handwerkskammern.[7] Gleichwohl keine empirische Direktbefragung der Handwerksbetriebe durchgeführt

1) Vgl. Jahresbericht des Gemeinschaftsausschusses der Bundeskreditgarantiegemeinschaften, 1986/87, S. 14

2) ebenda

3) Vgl. Heinrich, a.a.O.

4) ebenda, S. 24

5) ebenda, S. 198

6) Vgl. Bachmann, Hans-Ernst: Finanzierungsverhältnisse im Handwerk, in: Deutsches Handwerksblatt, 20/88, S. 11

7) eigene Recherchen

wurde, sondern nur der Teil der Betriebe erfaßt wurde, der sich aus irgendwelchen Gründen an die Betriebsberater wandte, wurde im Untersuchungsbericht verallgemeinernd festgestellt, daß "insbesondere die Eigenkapitalbasis vieler Handwerksbetriebe in den zurückliegenden Jahren schwächer geworden ist".

Es kann also zusammenfassend gesagt werden, daß bisher keine statistische oder analytische Erhebung zur Kapitalsituation im Handwerk mit ausreichender Repräsentativität über alle Handwerksgruppen und Betriebsgrößen durchgeführt wurde.

Damit ist auch keine Vergleichsmöglichkeit der hier gewonnen Daten gegeben. Vielmehr ist zu bemerken, daß zwar eine große Anzahl von Untersuchungen zur Kapitalstruktur durchgeführt worden ist, dennoch wurde bisher auf eine Erhebung aus der Primärquelle auf breiter Ebene verzichtet.

II. Abschnitt

Die Grundlagen und ihre begriffliche Abgrenzung

Die Begriffe Handwerk und Kapital sind so vielfältig definierbar, daß eine Abgrenzung für den Rahmen dieser Arbeit erforderlich ist. Damit soll klar zutage treten, auf welchen Grundlagen die Untersuchungsergebnisse basieren.

1. Das Handwerk als Wirtschaftsbereich

Nach der Industrie ist das Handwerk gemessen an seinem Beitrag zur Bruttowertschöpfung von derzeit etwa 9 Prozent der zweitgrößte Wirtschaftsbereich in der Bundesrepublik Deutschland. Das Handwerk zählte im Jahr 1988 im Bundesgebiet 604.700 Betriebe und 4,040 Mio Beschäftigten. Es erzielte einen Umsatz von 451 Mrd. DM und tätigte Investitionen von 15 Mrd. DM. 1.596 Konkurse beziehungsweise Vergleiche wurden durchgeführt.[1]

Das Bayerische Handwerk hat gemessen zum Bundesdurchschnitt in seiner Leistung einen doch recht deutlichen Vorsprung.[2] Ein leicht überdurchschnittlicher Anteil am Bruttoinlandsprodukt mit einem erhöhten Umsatzwachstum und einer positiven Entwicklung von Betriebsstätten und Beschäftigen[3] hat dazu geführt, daß das Bayerische Handwerk den insgesamt günstigen Verlauf der Handwerkswirtschaft sogar noch übertroffen hat.

1) Vgl. Geschäftsbericht des Bayerischen Handwerkstages über das Bayerische Handwerk im Jahr 1987 und im ersten Halbjahr 1988, S. 11

2) ebenda

3) ebenda, S. 13

Im bayerischen Raum waren zum 31.12.88 132.409 Betriebe mit 927.500 Beschäftigten in die Handwerksrolle eingetragen. Diese Betriebe erreichten einen Umsatz von 115 Mrd. DM. 276 Betriebe gingen in Konkurs oder Vergleich.[1]

1.1. Die Heterogenität des Handwerks

Die handwerkliche Tätigkeit reicht vom künstlerisch schaffenden Handwerker, zum Beispiel Gold- oder Kunstschmied, bis zur serienmäßigen Herstellung von Produkten, zum Beispiel Fensterproduktion der Bauschreiner, und der reinen Dienstleistung, zum Beispiel Reinigungen und Friseure

Dementsprechend vielseitig und differenziert sind die Tätigkeitsfelder und Marktpartner einerseits und Betriebsformen und -größen andererseits. Vom "Ein-Mann-Betrieb" bis zum durchorganisierten Reinigungsgroßbetrieb mit 1.000 Mitarbeitern und mehr, gibt es eine breite Palette unterschiedlichster Unternehmen, die alle zum Handwerk zählen oder als handwerksähnliche Gewerbe in die Handwerksrolle eingetragen sind.[2]

1.2. Die Abgrenzung des Handwerks von anderen Sektoren

Maßgebend für die Zugehörigkeit zum Handwerk ist weder die Betriebsgröße (wie zum Beispiel in Frankreich[3]), noch eine bestimmte Rechtsform oder Umsatzhöhe. Auch Einzelfertigung oder Leistung auf Bestellung sind nicht die bestimmenden Kriterien der Zugehörigkeit zum Handwerksbereich.

1) Bayerischer Handwerkstag: Handwerk '89 aktuell, S. 4

2) siehe Verzeichnis der Gewerbe, die als Handwerk betrieben werden können (Anlage A zur Handwerksordnung) und der Gewerbe, die handwerksähnlich betrieben werden können (Anlage B zur Handwerksordnung)

3) Vgl. Bundesministerium für Wirtschaft: Das Handwerk, a.a.O., S. 9

Nach dem Gesetz zur Ordnung des Handwerks (Handwerksordnung) liegt ein Handwerksbetrieb dann vor, wenn ein Gewerbe handwerksmäßig betrieben wird.[1] Mit dieser Definition bleibt der Handwerksbegriff flexibel, kann fortentwickelt und gewandelt werden[2], wie das gerade in der jüngsten Vergangenheit durch starke Strukturänderungen aufgrund innovativer Entwicklungen erforderlich geworden war.

Grundlage für die vorliegende Arbeit war der Handwerksbegriff in gesetzlicher Definition, das heißt, die Handwerksbetriebe, die in die Handwerksrolle eingetragen sind und damit die gesetzliche Voraussetzung erfüllen für die Einstufung als Handwerksbetrieb, wurden in die Untersuchung einbezogen.

Dabei wurden alle Unternehmen aus Anlage A und B der Handwerksordnung untersucht, somit alle Vollhandwerke und alle handwerksähnlichen Dienstleistungen.

Mithin ist mit dieser Untersuchung ein Querschnitt aller möglichen 126 Fachberufe[3], die zum Handwerk gerechnet werden, gewährleistet.

Eine weitere Abgrenzung, insbesondere zum Handel hin, ist äußerst schwierig durchzuführen. Es ist im Handwerksbereich weit verbreitet, daß neben dem Erbringen der handwerklichen Leistung auch ein Warenverkauf stattfindet. Dabei handelt es sich um den Einsatz von Handelswaren, das heißt der Handwerksbetrieb führt diese Waren keiner Be- oder Verarbeitung zu, sondern verkauft sie ohne jede Veränderung. Eine Trennung der Handwerksumsätze nach Handel und Handwerk wird in den amtlichen Statistiken nicht durchgeführt. Aus diesem Grund wäre ein Herauslösen des Handelswarenumsatzes bei der vorliegenden Untersuchung ohne Vergleichswert und wurde deshalb nicht durchgeführt.

1) Vgl. Gesetz zur Ordnung des Handwerks (Handwerksordnung) in der Bekanntmachung der Fassung vom 28.12.1965, BGBl. I. 1966, S. 1 ff.

2) Vgl. Wernet, W.: Zur Abgrenzung von Handwerk und Industrie, Münster 1965, S. 29

3) Bundesministerium für Wirtschaft: Das Handwerk, a.a.O., S. 12

Es scheint wünschenswert, will man die Strukturen im Handwerk aufzeigen, diesem Sachverhalt nachzugehen. Die Klärung der Frage, welchen Anteil der Bereich "Handel im Handwerk" am Gesamtumsatz inne hat, würde die statistischen Umsatzwerte und damit alle Angaben über die Sektoren Handwerk und Handel beeinflussen. Den Rahmen dieser Arbeit aber würde die umfassende Behandlung dieses Themas sprengen.

Die Abgrenzung des Handwerks vom Industriesektor anhand ökonomischer Merkmale ist schwierig[1]. Begriffe und Größendefinitionen wie geringe Marktmacht, begrenzte Absatzmärkte, geringe Betriebsgröße, führen nicht zur idealtypischen Wesensbestimmung des Handwerks.[2] Am Beispiel des Produzierenden Handwerks wird ja recht deutlich, daß weder die Produktionsart noch die begrenzten Absatzmärkte eine eindeutige Zuordnung erlauben. Der auf Halde produzierende, bundesweit absetzende Fensterbauer ist dem Grunde nach trotzdem Bauschreiner und damit Handwerker.

Der wohl gewichtigste Unterschied zwischen Handwerk und Industrie liegt im Management der Unternehmen, denn typisch für das Handwerk ist die meisterlich ausgebildete Fachkraft als Unternehmensführung, während im Industriebereich eher der akademische Bildungsgrad als management-relevanter Faktor entscheidet.

1) Vgl. Gaul, Dieter: Die Abgrenzung des Handwerksbetriebs vom Industriebetrieb, in: Der Betrieb, Jg. 41, 1988. H. 12, Düsseldorf, S. 651-654

2) Vgl. Heinrich, a.a.O., S. 5

2. Der Kapitalbegriff im Handwerk

Wie alle Unternehmen benötigen auch die Handwerksbetriebe eine bestimmte Ausstattung mit Kapital, gemeinhin Geldkapital. Damit können notwendige Investitionen für Betriebsmittel getätigt werden. Dieses Kapital, das Fremdkapital oder Eigenkapital sein kann, muß in Form von Bilanzen erfaßt und ausgewiesen werden (§ 4 Abs. 1 EStG). Ein Großteil der handwerklichen Betriebe aber erfaßt sein Vermögen beziehungsweise sein Kapital nicht in Bilanzen, denn es unterliegt gemäß § 141 AO wegen der Höhe seiner Umsätze oder Gewinne beziehungsweise Betriebsvermögen nicht der Buchführungspflicht mit Bestandsvergleich und ist deshalb nicht verpflichtet Bilanzen zu erstellen. Diese Betriebe ermitteln ihren Gewinn gemäß § 4 Abs. 3 EStG als Einnahmen-Überschuß-Rechnung, führen also weder Bestandsvergleiche durch, noch ermitteln sie Kapital- oder Vermögensbestände für ihr Unternehmen. Diese Unternehmen gehören in der Regel zu den Kleinstunternehmen.

Jedoch nicht alle Unternehmen, die gemäß Einnahmen-Überschuß-Rechnung ihren Gewinn ermitteln, gehören zu dieser Gruppe. Auch andere, und zwar junge Unternehmen, die eigentlich Bestandsvergleiche und Bilanzen machen müßten, nützen vorläufig die vereinfachte Gewinnermittlungsart, die noch weitere Vorzüge (keine Inventur, Mehrwertsteuerabführung erst nach Bezahlung) hat.

Bei der vorliegenden Arbeit ermittelten immerhin 29 Prozent aller befragten Unternehmen ihren Gewinn nach der Einnahmen-Überschuß-Rechnung. Rund 28 Prozent junge Unternehmen bis 4 Jahre mit Mitarbeitern waren darunter.

Für all diese Unternehmen können keine Kapitalstrukturdaten gegeben werden. Trotzdem ist Grundsätzliches zum Finanzierungsverhalten dieser Betriebe in diese Untersuchung einbezogen.

2.1. Abgrenzung zwischen Eigenkapital und Fremdkapital

Eine genaue Abgrenzung von Eigenkapital und Fremdkapital unter Berüchsichtigung aller einflußnehmenden und deshalb zu analysierenden Faktoren würde sicher eine weitere Arbeit dieses Umfanges nötig machen.

Deshalb soll hier nur eine grundlegende, knappe Darstellung und Definition der verschiedenen Kapitalbegriffe und ihre Funktionen im Unternehmen erfolgen.

Zum Kapital rechnen als Eigenmittel die Einlagen der Unternehmenseigner sowie die Gewinnthesaurierung der Gewinnberechtigten (Voraussetzung hierfür ist keine zeitliche Begrenzung) und als Fremdkapital die von Fremden oder Unternehmenseignern zeitlich zur Verfügung gestellten Beträge.[1] Neben dieser sehr vereinfachenden, aber grundlegenden Begriffsbestimmung kann zwischen Eigenkapital und Fremdkapital recht deutlich aufgrund ihrer Funktionen im Unternehmen differenziert werden.

So hat das Eigenkapital als Hauptfunktion die Haftungs- und Garantiefunktion gegenüber Gläubigern des Unternehmens zu erfüllen. Auftretende Verluste werden vom Eigenkapital solange getragen, bis es aufgezehrt ist; erst danach können die Gläubiger herangezogen werden.[2]

Daneben geht auch eine Vertrauensfunktion vom Eigenkapital aus. Bestand und Höhe des vorhandenen Eigenkapitals dient den Geschäftspartnern maßgeblich als Grundlage für die Sicherheit der Geschäftsbeziehung.[3]

1) Vgl. Coenenberg, Adolf Gerhard: Jahresabschluß und Jahresabschußanalyse. Landsberg am Lech 1981, S. 27

2) Vgl. Büschgen, H. E.: Handwörterbuch der Finanzwirtschaft, 1975: Armin, B. von: Eigenkapital, S. 286 ff.

3) ebenda

Die Herrschafts- oder Geschäftsführungsfunktion des Eigenkapitals ist unter Umständen relevant für die Einflußnahme auf die Geschäftsführung im Innern und auf die Vertretung nach außen, wobei der Grad des Einflusses auch vom Verhältnis Eigenkapital zu Fremdkapital bestimmt sein kann.[1]

Grundsätzlich jedoch bestimmt der Eigenkapitalgeber die Geschäftsführung, weshalb in diesem Zusammenhang auch von der Geschäftsführungsfunktion gesprochen wird.[2]

Als grundlegende Funktion des Eigenkapitals ist aber auch die Gewinnausschüttungsfunktion zu nennen. Im Gegensatz zu Fremdkapital, das im allgemeinen eine festgelegte Verzinsung und damit dem Fremdkapitalgeber stets ein positives Ergebnis gewährleistet, ist beim Eigenkapitalgeber eine Gewinn- oder gegebenenfalls auch eine Verlustzuweisung möglich (siehe "Bauherrnmodell").[3]

Darüberhinaus gibt es noch die Gewinnverteilungsfunktion[4] des Eigenkapitals, die dem Eigenkapitalgeber im allgemeinen entsprechend der Höhe seines Engagements im Unternehmen Gewinne oder Verluste im Rahmen des Betriebsergebnisses bringt.

Sowohl Eigenkapital als auch Fremdkapital erfüllen als Grundfunktion die Einsatz- und Arbeitsfunktion. Gemäß bestimmten Bilanzrelationen oder auch Finanzierungsregeln wird Kapital eingesetzt, um wirtschaftlich zu handeln.[5] Dabei kann die Finanzierungsfunktion des Eigenkapitals als Maßstab für die Verschuldungsmöglichkeit des Unternehmens dienen, das heißt der Aufnahme von Fremdkapital.

1) ebenda, S. 287

2) ebenda

3) Anmerkung: Gerade das negative Ergebnis ist ja im Zusammenhang mit Verlustzuweisungsmodellen gewünscht.

4) Vgl. Büschgen, (1975) a.a.O., S. 288

5) ebenda, S. 285

Die Funktionen des Fremdkapitals liegen im allgemeinen in der Ergänzung fehlender Eigenmittel, aber auch in der Ersatzfunktion für Eigenkapital.[1] Vor allem langfristig zur Verfügung stehende Fremdmittel werden bei Wachstums- und Innovationsvorhaben von Unternehmen herangezogen und können durchaus Eigenkapitalfunktionen ersetzen, zum Beispiel die Vertrauensfunktion, oder auch indirekt die Gewinnverteilungsfunktion über den Leverage-Effekt beeinflussen.[2]

2.2. Das Eigenkapital als rechnerische Größe

Das Eigenkapital in der Bilanz bildet den Saldo aus dem Unternehmensvermögen und dem ausgewiesenen Fremdkapital. Man spricht auch vom bilanziellen Eigenkapital.

Beim Einzelunternehmen beziehungsweise bei Personengesellschaften wird in diesem Saldo die Kapitalentwicklung während des Jahres und der dadurch verursachte Endbestand unter Berücksichtigung der Privatentnahmen und -einlagen sowie des Jahresergebnisses aufgezeigt.

Eigenkapital (Anfangsbestand)
+ Sonderposten mit Rücklagenanteil
+ Einlagen
- Entnahmen
- Private Steuern
+ Gewinn /-vortrag
- Verlust /-vortrag

Eigenkapital (Endbestand)

Bei Kapitalgesellschaften entfällt die Darstellung von Privateinlagen und -entnahmen sowie Privatsteuern. Das Eigenkapital heißt hier gemäß der Rechtsform Grundkapital oder Stammkapital.

1) Vgl. Wossidlo, a.a.O., S. 304
2) Vgl. Fritsch, a.a.O., S. 11

Die vorliegende Untersuchung erfaßt sowohl Eigenkapital - Anfangsbestand sowie Eigenkapital - Endbestand. Da es sich zum weitaus größten Teil um Einzelunternehmen beziehungsweise Personengesellschaften handelt, werden offene Rücklagen nicht besonders dargestellt, zumal sie gemäß den vorgelegten Bilanzdaten weder statistisch noch analytisch einen nenneswerten Umfang erreichten.

2.3. Das effektive Eigenkapital unter Berücksichtigung von Substanzwerten

Grundsätzlich besteht zwischen bilanziellem Eigenkapital und dem effektiven Eigenkapital eine mögliche Differenz. Berücksichtigt man nämlich die stillen Reserven[1], die sich oft im Unternehmen durch den Zeitablauf bilden, erhöht sich das bilanzielle Eigenkapital nicht selten um ein Beträchtliches. Als Beispiel möge die Grundstückssituation dienen, denn gerade hier kommt eine Werterhöhung besonders häufig zum Tragen.

Alte Unternehmen verfügen oft in ihren Bilanzen über ein Grundstücksanlagevermögen beziehungsweise Gebäudeanlagevermögen, das bei näherer Betrachtung einen geradezu lächerlich kleinen Anteil am tatsächlichen Wert im Falle eines Verkaufs darstellt. Dieser Wert (der auch Substanzwert heißt), bereinigt um den bilanziellen Wert, bildet die stillen Reserven im Unternehmen.

Bei der Befragung der Unternehmen wurde auch dieser Substanzwert systematisch erfaßt. Immerhin 52 Prozent der befragten Unternehmen, die Bilanzen erstellen, gaben Auskunft über die Substanzwerte ihrer Anlagevermögen. Hierauf wird im Abschnitt IV, 3.3. eingegangen.

1) Vgl. Coenenberg, a.a.O., S. 149

3. Kapitalstrukturen im Handwerk

Wie bereits ausgeführt, werden allgemein auch im Handwerk die Kapitalstrukturen eher negativ beurteilt. Nachweisbar ist dies allenfalls bei Unternehmen, die bestimmte Größenklassen überschreiten[1] und zum Produzierenden oder Verarbeiteten Handwerk gehören. Sie sind dann in den statistischen Untersuchungen der Deutschen Bundesbank[2] als Teil des verarbeitenden beziehungsweise produzierenden Gewerbes erfaßt, und wiesen 1987 eine durchschnittliche Eigenkapitalquote von 7,4 Prozent bei Einzelunternehmen und 9,9 Prozent bei Personengesellschaften mit weniger als 5 Mio DM Umsatz aus.[3] Da hier die kleinste Vergleichsgröße bis 5 Mio. DM Umsatz reicht, und wie bereits erwähnt, Kriterium für die Aufnahme in die Statistik das Ausstellen bundesbankfähiger Wechsel ist, sind die Ergebnisse dieser Statistik nicht auf das Handwerk übertragbar.

3.1. Die Eigenkapitalquoten

Zu ganz anderen Strukturzahlen kommt man bei der Analyse von empirischen Untersuchungen durch die Fachinstitute, nämlich auf Eigenkapitalquoten von durchschnittlich 30 Prozent bei unterschiedlichen Handwerksgruppen (Hochbau, Zimmerer, Dachdecker, Straßenbau, Klempner, Elektroinstallateure, Parkett- und Fußbodentechnik, Maschinenbau, Elektro-Maschinenbau, Metallhandwerk, KFZ-Handwerk, Tischler, Fleischer, Bäcker und Konditoren), bei unterschiedlichen Mitarbeiterzahlen (von 1 bis 175) und bei Umsätzen bis zu 10 Mio DM.[4]

1) Vgl. Reske, W., Brandenburg, A. Mortsiefer, H. J., a.a.O., S. 101

2) Vgl. Verhältniszahlen ..., verschiedene Jahrgänge

3) ebenda, 3. Auflage, August 1989

4) Vgl. Heinrich, a.a.O., S. 304/305 und 335 ff. (eigene Analyse)

Dabei zeigt sich, daß je größer der Betrieb ist - auch mitarbeiterbezogen - desto geringer wird die Eigenkapitalquote.

Mitarbeiter im Unternehmen	durchschnittliche Eigenkapitalquoten in %
bis 5	41,34
5 bis 10	33,50
10 bis 20	27,98
21 bis 50	22,82
mehr als 50	21,32

Bei durchschnittlich 7,7 Mitarbeiter pro Betrieb wird deutlich, welch hohes Gewicht bei den Unternehmen mit bis zu 10 Mitarbeitern liegt. Damit ist völlig klar, daß die Eigenkapitalquote im Handwerk durchschnittlich weitaus besser ist, als die Eigenkapitalquoten über alle Unternehmen bis 5 Mio. DM Umsatz des produzierenden Gewerbes.

Die durchschnittlichen Mitarbeiterzahlen und ihre Gewichtung für die Klassifizierung der Eigenkapitalquoten wurde auch bei der vorliegenden Untersuchung deutlich. Im Abschnitt IV, 2. dieser Arbeit wird dies ausführlich behandelt.

3.2. Finanzierung aus Fremdmitteln

In den Meisterkursen für die zukünftigen Handwerksmeister und eventuellen Jungunternehmer wird gelehrt, daß eine möglichst hohe Eigenkapitalbasis beziehungsweise ein möglichst niedriger Verschuldungsgrad eine ständige unternehmerische Aufgabe sei, um stets die Kapitalsmehrheit zu behalten. Anderenfalls bestehe die Gefahr, daß die Gläubiger im Betriebsgeschehen mitreden und auch mitbestimmen, ja sogar die Selbständigkeit des Unternehmers verloren gehe.[1] Vielleicht ist dies eine Möglichkeit zur

1) Vgl. Handwerkskammer Niederbayern Oberpfalz: Unternehmensführung im Handwerk - Betriebswirtschaft, 8. Aufl. 1987, S. 102

Erklärung der vermutlich besseren Eigenkapitalausstattung im Handwerk gegenüber anderen Sektoren.[1]

Die Hauptkreditgeber für das Handwerk sind die Sparkassen. Sie gewähren über 57 Prozent des gesamten Kreditvolumens im Handwerksbereich.[2] An zweiter Stelle liegen die Kreditgenossenschaften mit einem Anteil von 25 Prozent.

Den Sparkassen zufolge, die von gesetzeswegen verstärkt zur Sicherheit bei Kreditgeschäften verpflichtet sind, haben dennoch häufig Handwerkskunden, deren Betriebe Eigenkapitalquoten von weniger als 5 Prozent und sogar "Minuskapital" in ihren Bilanzen ausweisen, Kredite erhalten.[3]

Hier greifen die privaten Sicherheiten oder stillen Reserven, die die Unternehmer im Rücken haben. Denn nur so ist zu erklären, daß in so vielen Branchen (zum Beispiel Fleischer, Bäcker/ Konditoren, Wäschereien/Reinigung, Maler, Augenoptiker, Druckereien, Elektroinstallateure, Zimmerer, Friseure, Tischler) bis zu 75 Prozent der Sparkassenkunden, deren Bilanzen durch die Sparkassenvereinigung für die Branchenberichte ausgewertet wurden, ohne ausgewiesene Eigenmittel arbeiten und trotzdem kreditwürdig sind. Daneben sind aber die Eigenkapitalquoten und die Anlagendeckungen insgesamt niedrig[4], wobei sich zwangsläufig hohe Verschuldungsgrade ergeben.

Folgt man aber den Untersuchungsergebnissen und Betriebsvergleichen der verschiedenen Handwerksinstitutionen[5] ergibt sich ein durchschnittlicher Verschuldungskoeffizient von 70 Prozent[6] und wenn man die vorliegenden Betriebsvergleiche auf ihre Anlagendeckung hin untersucht, stellt man fest, daß durch-

1) Vgl. auch Huber, L.: Finanzierungsprobleme mittelständischer Unternehmen, in: Blum, R. (Hrsg.): Entwicklungsprobleme mittelständischer Unternehmen, Berlin 1981, S. 109 ff.

2) Vgl. Handelsblatt vom 02.09.1988: Handwerkskredite vor allem von Sparkassen

3) Vgl. Branchenberichte der Sparkassen und Landesbanken, verschiedene Ausgaben

4) Vgl. Branchenberichte der Sparkassen und Landesbanken, a.a.O.

5) Vgl. Heinrich, a.a.O., S. 335 ff.

6) ebenda (eigene Analyse)

schnittlich gesehen der größte Teil des Anlagevermögens mit Eigenkapital finanziert ist (Anlagendeckung I 84,2 Prozent) und ein erheblicher Teil der langfristigen Fremdmittel zur Finanzierung des Umlaufvermögens eingesetzt wird (Anlagendeckung II 148,6 Prozent). Es besteht also ein positiv zu bewertender Working Capital Ratio.

Es zeigt sich aber, daß die Handwerksgruppen recht unterschiedliche Anlagendeckungen haben. Die besten Werte erzielen Dachdecker, Hochbau und Elektroinstallateure, die schlechtesten Werte die Bäcker und Konditoren. Auch größenspezifische Unterschiede (Bezugsgrößen sind Mitarbeiterzahlen) liegen vor.[1]

Auch hier gibt es demnach widersprüchliche Aussagen. Die vorliegende Untersuchung geht im Abschnitt IV, 3.1 den tatsächlichen Werten nach.

Die kurzfristigen Fremdmittel werden in Handwerksunternehmen in Form von Lieferantenkrediten und Kontokorrentkrediten benötigt. Die Bankkredite werden dabei oft mit hypothekarischen Sicherheiten verknüpft und zählen deshalb zu den langfristigen Fremdmitteln (siehe Ausführungen zum Working Capital Ratio). Dabei zeichnet sich der Trend ab, daß das langfristige Fremdkapital weitgehend in die Rolle des Eigenkapitalersatzes hineingedrängt wird und teilweise dessen Funktionen übernimmt.[2] Finanzierungsengpässe und Liquiditätsfaktoren werden im Abschnitt IV, 2.2. behandelt.

1) ebenda (eigene Analyse)

2) Vgl. Wossidlo, a.a.O., S. 304

3.3. Die staatlichen Finanzierungshilfen unter Berücksichtigung der besonderen regionalen Lage

Im Handwerk, und verstärkt bei Unternehmensgründungen, spielen staatliche Finanzierungshilfen eine besondere Rolle. Dabei ist auch die regionale Lage des Unternehmens im Zonenrandgebiet ein wichtiges Kriterium.

Die Finanzierungshilfen nach dem Zonenrandförderungsgesetz (ZonenRFG) und dem Investitionszulagengesetz (InvZulG) nehmen eine breite Palette ein und reichen von steuerlichen Hilfen (Sonderabschreibungen, erhöhte Abschreibungen, ermäßigte Steuersätze, Steuerstundungen, Übertragungsmöglichkeit stiller Reserven, steuerfreien Rücklagen) bis hin zu Darlehen, Bürgschaften oder Beteiligungen aus Mitteln der Gemeinschaftsaufgabe (ERP) und den regionalen Sonderprogrammen (zum Beispiel das Bayerisches Mittelstandsförderungsprogramm).

Förderungsfähige Vorhaben sind vor allem die Schaffung von Arbeitsplätzen oder Ausbildungsplätzen, die Errichtung oder Erweiterung von Unternehmen beziehungsweise deren Verlagerung und Umweltschutzmaßnahmen.

Dabei sind die Förderungsmaßnahmen vor allem mit Vorteilen wie Zinsvergünstigungen, Zinsbindung, Tilgungsfreiheit während der ersten Jahre, linearem Schuldenabbau, Refinanzierungsmöglichkeiten der Hausbanken und daher größerer Durchsetzbarkeit der Darlehenswünsche sowie Steuererleichterungen bzw. -stundung und den daraus resultierenden Liquiditätsvorteilen und der Zinsersparnis verbunden.

Aber auch Nachteile, wenn auch geringerer Art, sind mit den Förderungsmaßnahmen verknüpft. Hier seien besonders die Antragsformalitäten erwähnt. Ein Antrag auf Förderung gemäß dem Bayerischen Regionalen Förderungsprogramm erfordert zum Beispiel einen achtseitigen Antrag in fünffacher Ausfertigung. Bei der vorliegenden Befragung haben immerhin 5.8 Prozent der befragten Unternehmen, die in den nächsten 3 Jahren investieren wollen, eine Finanzierung mit öffentlichen Finanzierungshilfen abgelehnt, weil ihnen das Antragsverfahren zu kompliziert ist beziehungsweise die Möglichkeiten nicht so gut bekannt sind.

Weitere Nachteile sind die erschwerte Nachfinanzierungsmöglichkeit, die Zinsbindung auch bei fallenden Kapitalmarktzinsen, und die relativ kurze Tilgungsdauer. Besondere Gefahren gehen von Fehlinvestitionen aufgrund einer Steuersparmotivation aus. Dasselbe trifft auch auf die Standortproblematik nach dem ZonenRFG zu.

Für das Handwerk im ostbayerischen Raum sind eine Reihe von bedeutenden Finanzierungshilfen relevant.[1] Ohne diese könnten Investitionsvorhaben oft nicht verwirklicht werden.[2]

3.3.1. Existenzgründungen und Existenzsicherung

Insbesondere Existenzgründungen werden durch das ERP-Existenzgründungsprogramm und die Eigenkapitalhilfe erleichtert. Einen breiteren Rahmen nimmt jedoch die Existenzsicherung ein. Hier greifen besonders die Kredite der Kreditanstalt für Wiederaufbau (KfW) und besonders wichtig, der Landesanstalt für Aufbaufinanzierung (LfA).

Von den insgesamt vergebenen ERP-Krediten entfielen auf das Handwerk 45,2 Prozent, davon wiederum fast die Hälfte auf Existenzgründungen. Auch das Eigenkapitalhilfeprogramm der Bundesrepublik Deutschland kam mit annähernd 50 Prozent der geförderten Fälle dem Handwerk zugute.[3]

1) Vgl. Darstellung 1: Ostbayerischer Raum und Fördergebiet der Gemeinschaftsaufgabe

2) Vgl. Laub, K., Zeiler, M., Mayer, G.: Gründungssituation und Entwicklung öffentlich geförderter Handwerksbetriebe. München 1984, S. 84

3) Vgl. Bundesministerium für Wirtschaft: Bericht über die Lage des Handwerks im Jahr 1987, Dokumentation Nr. 293, August 1988, S. 34

Aus dem Bayerischen Mittelstandsförderungsprogramm wurden im Jahr 1988 insgesamt 2,417 Mrd. DM an die gewerbliche Wirtschaft verteilt, davon 1.183 Mrd. DM zur Regionalförderung und 844 Mio. DM für die Mittelstandsförderung.[1]

Dem Bayerischen Handwerk wurden im Jahr 1987[2] 2.562 Darlehen mit einer Gesamtsumme von 235 Mio. DM gewährt (zum Vergleich Industrie 469 Darlehen mit insgesamt 62 Mio. und Handel 1.321 Darlehen mit 118 Mio. DM Gesamtsumme), das heißt, daß das Bayerische Handwerk von allen Sektoren am meisten gefördert wurde.

Dies läßt sich auch aus den statistischen Zahlen über zugesagte Darlehen in den letzten Jahren ableiten.[3] Von 1977 bis 1987 wurden folgende Darlehen an das Handwerk gewährt:

Gebiet	Anteil an den gewährten Darlehensfällen	Anteil an den gewährten Darlehenbeträgen
Bayern	55,6 %	54,3 %
Oberpfalz	59,8 %	58,3 %
Niederbayern	60,4 %	67,6 %
Landkreis Neustadt	64,4 %	67,6 %
Stadt Weiden	48,0 %	48,9 %
untersuchter Raum Weiden + Neustadt	58,4 %	60,1 %
durchschnittliche Förderung im ostbayerischen Raum	60,1 %	58,2 %

1) Vgl. Abdruck der LfA, in: Weidener Tageszeitung "Der Neue Tag" vom 26.07.89

2) Zahlen von 1988 liegen noch nicht vor

3) Quelle: Bayerisches Staatministerium für Wirtschaft und Verkehr, München

Gebiet	Anteil an den insgesamt geförderten Investitionen	Anteil an den insgesamt geschaffenen Arbeitsplätzen
Bayern	54,1 %	54,4 %
Oberpfalz	57,9 %	60,0 %
Niederbayern	58,0 %	61,2 %
Landkreis Neustadt	67,2 %	70,5 %
Stadt Weiden	48,9 %	51,2 %
untersuchter Raum Weiden + Neustadt	60,1 %	62,9 %
durchschnittliche Förderung im ostbayerischen Raum	57,9 %	60,7 %

Bayernweit wurde also insbesondere das Handwerk gefördert. Es schuf aber auch die meisten Arbeitsplätze.

Es zeigt sich, daß die Oberpfalz und Niederbayern verstärkt gefördert wurden und dabei überproportional Arbeitsplätze schufen.

Das Handwerk in der Stadt Weiden dagegen wurde wesentlich geringer gefördert. Möglicherweise liegt das aber an der Struktur der Handwerksbetriebe in Weiden und Umgebung. Der Landkreis Neustadt, der die Stadt Weiden vollkommen umgibt, erfuhr nämlich eine besonders hohe Förderung. Es scheint, daß viele Handwerksbetriebe, die Investitionen tätigten, nur durch die zufällige Lage außerhalb der Stadt diese Verschiebung der Förderquoten verursacht haben.

3.3.2. Investitionszulagen und -zuschüsse

In diesem Zusammenhang dürfen aber Investitionszulagen und -zuschüsse nicht übersehen werden. Grundsätzlich erhalten alle gewerblichen Unternehmen im Fördergebiet für bestimmte Investitionen ins Anlagevermögen diese Förderung. Sie ist aber an bestimmte Voraussetzungen gebunden (Produktion gemäß der sogenannten Positivliste und dem Primäreffekt verbunden mit einem überregionalen Absatz). Diese Voraussetzungen konnte das Handwerk in der Regel nicht erfüllen.

Der Industriesektor allerdings nahm diese Förderung verstärkt in Anspruch. Dadurch verschob sich die Relation zwischen Handwerksförderung und Industrieförderung sehr zu Ungunsten des Handwerks.

Nach dem Grenzlandbericht 1986[1] der Bayerischen Staatsregierung sind im Zonenrandgebiet in 473 Fällen Zulagen und Zuschüsse für Vorhaben mit einer geförderten Investitionssumme von 7,4 Mrd. DM gewährt worden, wodurch 3.393 zusätzliche Arbeitsplätze geschaffen wurden. Dies entspricht einer Quote von 59,1 Prozent an allen zusätzlich geschaffenen Arbeitsplätzen. Demgegenüber stehen außerhalb dem Zonenrandgebiet 188 Förderfälle mit 758 Mio. DM Investitionssumme und 2.702 neu geschaffenen Arbeitsplätzen, also einer Quote von 40,9 % aller zusätzlich geschaffenen Arbeitsplätze in Bayern. Aus den Kosten für einen Arbeitsplatz, die im Zonenrandgebiet durchschnittlich 1.903 TDM, außerhalb des Zonenrandgebietes dagegen nur 280 TDM betrugen, läßt sich ableiten, daß im Zonenrandgebiet eher Investitionen getätigt wurden (und damit auch eine Förderung erfuhren), die zwar kapitalintensiv, dagegen wenig personalintensiv waren. Das heißt auch, daß das Handwerk, das ja gemeinhin als personalintensiv gilt, bei den Zulagen und Zuschüssen keine nennenswerte Förderung erfuhr, sondern fast ausschließlich der Industriesektor gefördert wurde.

1) Vgl. Grenzlandbericht der Bayerischen Staatsregierung 1986, S. 60

Trotz Lockerung des Primäreffekts, die es erlaubt, den überregionalen Absatz als Voraussetzung für die Förderung mittels Investitionszulage oder -zuschuß auch im Einzelfall nachweisen zu können[1], haben sich die Möglichkeiten für die Handwerksbetriebe, eine Förderung dieser Art zu erhalten, kaum verbessert.

Dieser Umstand fällt für die Zukunft aber nicht mehr so stark ins Gewicht, da die Investitionszulage ab dem Jahr 1990 ganz entfällt.

Eine andere Form der Förderung bieten die Kreditgarantiegemeinschaften. Sie unterstützen kleine und mittlere Unternehmen aller Wirtschaftszweige bei den unterschiedlichsten betriebswirtschaftlichen Problemstellungen in allen Finanzierungsbereichen.[2] Das Spektrum der Bürgschaftshilfe reicht von der Gründungsphase und Aufbauphase, aber auch bis zur Förderung bestehender Betriebe.

Die Kreditgarantiegemeinschaften verstehen sich dabei als Risikopartner bei der Bürgschaftsübernahme für das traditionelle Kredit- und Darlehenswesen und der Bereitstellung von Beteiligungskapital.

Das Handwerk nahm 1987 traditionsgemäß den größten Posten an Bürgschaftsbeträgen ein.[3] 30,2 Prozent aller insgesamt verbürgten Kredite begünstigten das Handwerk, 26,3 Prozent waren der Industrie und 23,4 Prozent dem Handel vorbehalten. In Bayern wurden 57 Prozent der Bürgschaftskredite dem Handwerk gewährt, 1986 sogar 64,5 Prozent.

1) ebenda, S.58

2) Vgl. Jahresbericht 1987/88 des Gemeinschaftsausschusses der Bundeskreditgarantiegemeinschaften, S. 9

3) ebenda, S. 22

Dies könnte ein Hinweis darauf sein, daß speziell im Handwerk eine ungenügende Eigenkapitaldecke zur Verfügung steht. Bei näherer Betrachtung stellt sich heraus, daß von allen im Handwerk verbürgten Krediten bereits 62,7 Prozent für Existensgründungen verwandt wurden.[1] Gerade bei Existenzgründern ist aber hinsichtlich der Sicherheitenstellung eine enorme Gewichtung auf dingliche Absicherung gelegt.[2] Ist nun ein Handwerksbetrieb nur in gepachteten Räumen untergebracht und ist die Eigenkapitaldecke nach Ansicht der Hausbank nicht ausreichend, werden Bürgschaften, unter anderem auch die der Kreditgarantiegemeinschaften, verlangt.

Insgesamt wurden 72,8 Prozent des Gesamtvolumens aller verbürgten Kredite von Sparkassen und Genossenschaftsbanken gewährt. Hier wird deutlich, wie gewichtig das Sicherheitsstreben der genannten Banken ist. Das Private Bankgewerbe, das ja nur kümmerliche 18 Prozent der gesamten Klientel "Handwerk" mit Krediten versorgt, stellt immerhin 27,2 Prozent des risikobehafteten und durch Bürgschaften abgesicherten Kreditvolumens bereit.[3] Im Klartext heißt das, daß die privaten Banken eher risikoreiche Unternehmungen mit Krediten ausstatten als die Sparkassen und Genossenschaftsbanken.

Interessant ist auch die Aufgliederung der genehmigten Bürgschaften nach Größenklassen. Die meisten Fälle für eine Bürgschaft bewegen sich im Handwerk unter einem Betrag von 50.000 DM (36 Prozent aller Fälle) und liegen durchschnittlich bei etwa 30.000 DM. Da bereits ausgeführt wurde, daß der größte Anteil an den Bürgschaftsfällen ursächlich mit Existenzgründungen verknüpft ist, kann leicht nachvollzogen werden, daß es sich bei diesen geringen Bürgschaftsbeträgen um eine Vielzahl kleiner Handwerker handelt, die sich soeben selbständig machen. Aufgrund der Risikoscheue der Hauptkreditgeber Sparkassen und Genossenschaftsbanken werden diese Beträge einfach verbürgt.

1) ebenda, S. 22

2) Vgl. Laub, K...., a.a.O., S 56

3) Vgl. Jahresbericht ...Bundeskreditgarantiegemeinschaften, S. 22

Ähnlich verhält sich die Angelegenheit bei den Bürgschaftsfällen bis 100.000 DM.

Bei den Bürgschaftsbeträgen 100.000 bis 250.000 DM ergibt sich ein durchschnittlicher Wert von 156.000 DM, wobei die Bürgschaftsabsicherung bei risikoreichem Kreditgeschäft in dieser Höhe schon eher verständlich ist.

Bei den Fällen bis 500.000 DM Kreditsumme beträgt das durchschnittlich abgesicherte Volumen bereits 354.000 DM und in den Fällen über 500.000 DM sind es 678.000 DM.[1]

Betrachtet man die Ausfälle im Handwerk, so ist der durchschnittlich aufgewendete Betrag in den Jahren 1985 bis 1987 etwa 72.000 DM.[2] Dies heißt nichts anderes, als daß vor allem größere Kredite geplatzt sind. Die kleinen Handwerker, die den Hauptanteil der Bürgschaftsfälle darstellen, sind hier in jedem Fall weitaus unterrepräsentiert.

Die Mittelstandsförderung ist eine sehr bedeutende Finanzierungsquelle für die Wirtschaft insgesamt und für das Handwerk im besonderen. Es gibt aber Anzeichen dafür, daß diese Quelle spärlicher sprudeln könnte.[3] Dem mittelfristigen Finanzplan des Bundes nach wird die Mittelstandsförderung schrumpfen. 1986 noch waren 936 Mio. DM an Haushaltsmitteln zur unmittelbaren Förderung des Mittelstandes ausgegeben worden; 1992 soll dieser Betrag auf 480 Mio. DM fallen[4].

1) Vgl. Jahresbericht ... Bundeskreditgarantiegemeinschaften, S. 23

2) ebenda, S. 25

3) Vgl. Deutsche Handwerks Zeitung vom 04.03.89: Mittelstandsförderung von Kürzungen bedroht

4) Vgl. Deutsche Handwerks Zeitung vom 03.02.89: Schrumpfende Mittelstandsförderung; Quelle: BMF

Wie wichtig ERP-Kredite und Regionalförderprogramme im Handwerk sind, belegt auch die Umfrage zu dieser Untersuchung. Darauf wird in Abschnitt IV, 5.2. eingegangen.

Die besondere regionale Lage gemäß dem ZonenRFG ist im ostbayerischen Raum nur teilweise gegeben. Diesem Umstand wurde bei der Ermittlung des repräsentativen Querschnitts Rechnung getragen.

Insgesamt gesehen erfährt also gerade das Handwerk eine besondere Förderung aus öffentlichen Finanzierungshilfen. Es darf dabei aber nicht übersehen werden, daß diese Hilfen tatsächlich stets mit einer Gegenleistung in Form von Zinsen oder Gebühren verbunden sind. Dagegen wird die Förderung nach dem InvZulG nicht nur kostenfrei, sondern auch noch in bar dem Unternehmen zur Verfügung gestellt. Wie aber bereits erläutert wurde, kommt diese Hilfe nur ausnahmsweise dem Handwerk zugute, die Indutrie wird dagegen begünstigt.

So besteht auch insgesamt in der deutschen Wirtschafts- und Steuerpolitik die Tendenz, die großen Unternehmen zu bevorzugen. Dies beginnt bei der Subventionierung selbst gesunder Unternehmen und endet bei Verlustausgleich und Rettungsaktion der kranken Unternehmen. Dies geschieht immer im Hinblick auf die volkswirtschaftliche Bedeutung der Unternehmen vor dem Hintergrund der Massenentlassungen.

Dies ist aber eine Verkehrung der Zielvorgabe. Täglich gehen viele Klein- und Mittelbetriebe in die Pleite, die bei größerer Wettbewerbsgleichheit mit Großunternehmen eine gute Marktchance hätten. Statt dessen wird durch staatliche Eingriffe diese Wettbewerbsgleichheit oft systematisch untergraben. Ein Beispiel in diesem Zusammenhang ist die Investitionszulage.

Nicht die Ansiedlung möglichst großer Betriebe allein macht den Strukturnachteil des Zonenrandgebietes wett, sondern viel eher die flächendeckende Siedlung vieler kleinerer Betriebe könnte einen nützlichen Beitrag zum Standortnachteil im Zonenrandgebiet leisten, insbesondere vor dem Hintergrund der mittelständischen Flexibilität und Innovationskraft. Das Abschaffen der Investitionszulage birgt also gleichzeitig ein Stück Chancengleichheit für die Handwerksbetriebe gegenüber der Industrie.

Im Abschnitt V wird anhand des Gesamtergebnisses auch eine mittelstandspolitische Beurteilung abgegeben.

Abschnitt III

Ablauf der Untersuchung

Es wurde hinreichend dargelegt, daß es keine umfassenden Aussagen zur Kapitalsituation im Handwerk gibt und daß die Begründung in erster Linie in einer mangelnden Datenbasis liegt.

Aus dem Bestreben heraus, eine solche umfassende Aussage zu erhalten, wurde eine Direktbefragung durchgeführt. Die Entscheidung für die Untersuchung war von der Risikoeinschätzung abhängig, ob eine solche Befragung überhaupt genügend Resonanz finden würde, damit gesicherte empirische Ableitungen aus den gewonnenen Daten gemacht werden können.

Bei der Risikoabwägung für oder gegen die Untersuchung gewannen die positiven Erwartungen. Sollte diese Befragung wirklich ungenügende Ergebnisse bringen, so wäre auch das ein Resultat.

1. Beschreibung der Vorgehensweise

Um eine möglichst umfassende Untersuchung zu führen, war zunächst der Umfang des Fragenkomplexes und der gewünschten Datenqualität beziehungsweise -quantität festzulegen.

Wesentliches Kriterium war das Erreichen eines heterogenen Querschnitts des Handwerks.

Da sowohl Bilanzdaten als "objektive" Informationsquelle als auch Angaben über Wirtschaftslage, Privatvermögen und stille Reserven als "subjektive" Datenerhebung in die Untersuchung einfließen sollten, wurde eine Direktbefragung durchgeführt.

Um das institutionale Interesse der für das ostbayerische Handwerk zuständigen Handwerkskammer Niederbayern Oberpfalz zum Ausdruck zu bringen und der Befragung einen eher amtlichen Charakter zu geben, wurde ein Anschreiben der Kammer versandt. Für die Rückantwort wurde ein unfrankiertes Kuvert mit dem Adressat "Betriebsberatungsstelle Weiden" mitgeschickt.

Ein Abdruck des Fragebogens und des Anschreibens befindet sich im Anhang.

Um die Vorgehensweise zu testen, insbesondere den Inhalt des Fragebogens auf Verständlichkeit und Beantwortbarkeit hin zu prüfen, wurde zunächst eine Vorerhebung durchgeführt.

1.1. Befragungsmethode und -instrument

Eine Direktbefragung ist per Fragebogen oder Interview möglich. Im vorliegenden Fall waren größtenteils Daten zu erheben, die als vertraulich gelten (wer läßt sich schon als Einzelunternehmer in die Bilanzen schauen, wenn er nicht muß?) und deshalb wurde die Erhebung anonym durchgeführt. Aus diesem Grund und wegen der zu erhebenden Datenfülle war der Fragebogen das vorzuziehende Befragungsinstrument.

Die Gestaltung des Fragebogens mußte der zu befragenden Klientel angepaßt werden. Es wurde besondere Mühe darauf verwandt, die Fragen leicht verständlich und angenehm in der Beantwortung zu gestalten. Zu Lasten wissenschaftlich exakter Formulierungen wurde Wert auf Pragmatismus und Operationalität gelegt. Fachausdrücke, die zur eventuellen Unverständlichkeit und damit zu aufkommendem Unmut führen könnten, wurden ausgeschaltet.

Im ersten Teil des Bogens (Fragen 1 bis 6) wurden die Formaldaten der Betriebe erfaßt, wie Rechtsform, Alter, Mitarbeiterzahlen etc.).

Mit den Fragen 7 bis 12 wurden die allgemeine Lage sowie die Einschätzung der zukünftigen Entwicklung der Betriebe abgefragt.

Im Fragenkomplex 13 bis 18 wurde das Investitions- und Finanzierungsverhalten der Betriebe ermittelt, wobei insbesondere auch auf die Möglichkeiten einer staatlichen Förderung eingegangen wurde.

Mit den Fragen 19 bis 24 wurden Erkenntnisse über die verwaltungstechnischen Gegebenheiten der Betriebe gewonnen.

Schließlich sollten mit den Fragen 25 bis 28 die Liquiditäts- und Vermögenslage der Betriebe und seiner Unternehmer aufgedeckt werden.

Anhand der Bilanzen und G + V - Rechnungen war dann eine tiefgehende Analyse der Betriebe möglich, wobei gerade die Substanzwerte aufschlußreiche Aussagen zur Kapitalsituation zuließen.

1.2. Bestimmung der Grundgesamtheit

Das Bild des gesamtes Handwerksspektrums, in der alle Handwerksgruppen, Betriebsgrößen und Rechtsformen und, für den besonderen Fall des Zonenrandstandortes auch die regionale Lage der Unternehmen gemäß ihrer natürlichen Verteilung in der Handwerkswirtschaft, präsent sind, war als Grundgesamtheit im ostbayerischen Raum gegeben. Das Erfassen der genannten Merkmale in irgendwelchen Schichtungen ist äußerst schwierig. Deshalb wurde eine Vollerhebung vorgenommen, damit ein tatsächliches Abbild der Gesamtsituation im Handwerk erhalten werden konnte.

1.3. Der repräsentative Querschnitt und die Auswahlkriterien

Ein Querschnitt all der genannten Kriterien findet sich in der Handwerksrolle, wo sich auch gleichzeitig die Datenbasis für eine Vollerhebung bietet. Eine Eintragung in die Rolle ist völlig unabhängig von der Betriebsgröße, vom Handwerkszweig oder Unternehmensalter und den sonstigen unternehmensspezifischen Eigenschaften. Einziges Merkmal, das erfüllt werden muß, ist die Legaldefinition des Handwerks nach der Handwerksordnung.

Im ostbayerischen Raum, genauer im Kammerbezirk Niederbayern Oberpfalz, gibt es insgesamt 24.653 Handwerksbetriebe.[1] Diese Betriebe alle zu befragen ist zwar theoretisch ohne weiteres möglich, doch würde die Auswertung der gewonnenen Daten einen so großen Umfang annehmen, daß hierzu ein entsprechendes Untersuchungsteam gegründet werden müßte.

Aus diesem Grund wurde die Umfrage auf ein möglichst repräsentatives Teilgebiet, das die besondere Lage im Zonenrand widerspiegelt, begrenzt.

Weiden als kreisfreie Stadt und der sie völlig umgebende Landkreis Neustadt erfüllen die Auswahlkriterien und den Wunsch nach Repräsentativität in hohem Maße.

Legt man beide Gebiete zusammen, erhält man insgesamt 1.599 Betriebe[2], das entspricht einem Anteil von 6.49 % aller Handwerksbetriebe im Kammerbezirk. Die Handwerksgruppen sind im untersuchten Gebiet ähnlich verteilt wie im Kammerbezirk:

1) Vgl., Handwerkskammer Niederbayern Oberpfalz: Handwerkswirtschaft in Niederbayern Oberpfalz 1988, Broschüre, S. 95

2) eigene Auswertung der Handwerksrolle

Betriebe nach Handwerksgruppen	Kammerbezirk Niederbayern Oberfalz	Stadt Weiden + Lkr. Neustadt
Bau und Ausbau	16,9 %	16,0 %
Metall	34,5 %	34,1 %
Holz	9,2 %	7,4 %
Bekleidung	6,2 %	5,9 %
Nahrung	14,1 %	17,3 %
Gesundheit	8,4 %	9,4 %
Glas, Papier	3,0 %	3,3 %
Handwerksähnliche	8,5 %	6,6 %
alle Handwerksgruppen zusammen	100,0 %	100,0 %

Wie das gesamte Kammergebiet ist auch das befragte Gebiet zu einem ähnlich großen Teil nicht im Fördergebiet der "Gemeinschaftsaufgabe zur Verbesserung der regionalen Wirtschaftsstruktur gelegen (vgl. Darstellung 1).

Darstellung 1:[1]

1) Vgl. Broschüre der Handwerkskammer Niederbayern Oberpfalz, a.a.O., S. 9

Es sind alle Rechtsformen in der Stichprobe enthalten. Sie stellen sich ähnlich dar wie im gesamten Kammerbezirk:

Darstellung 2:

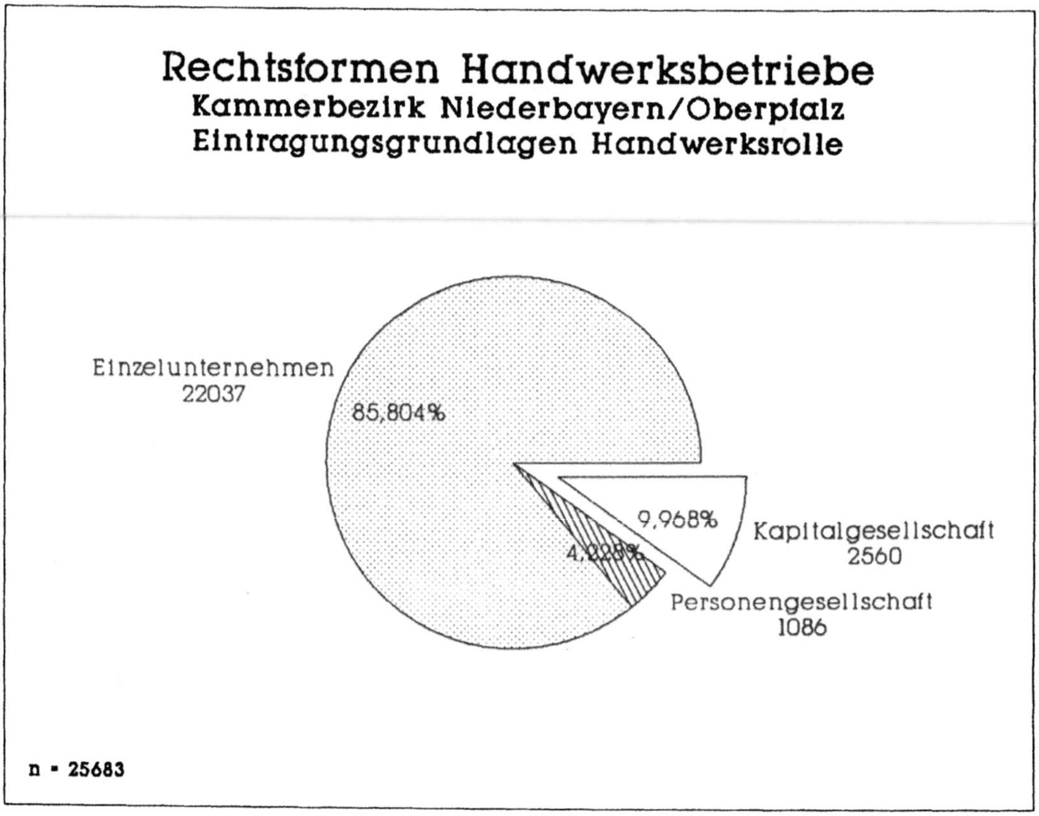

Darstellung 3:

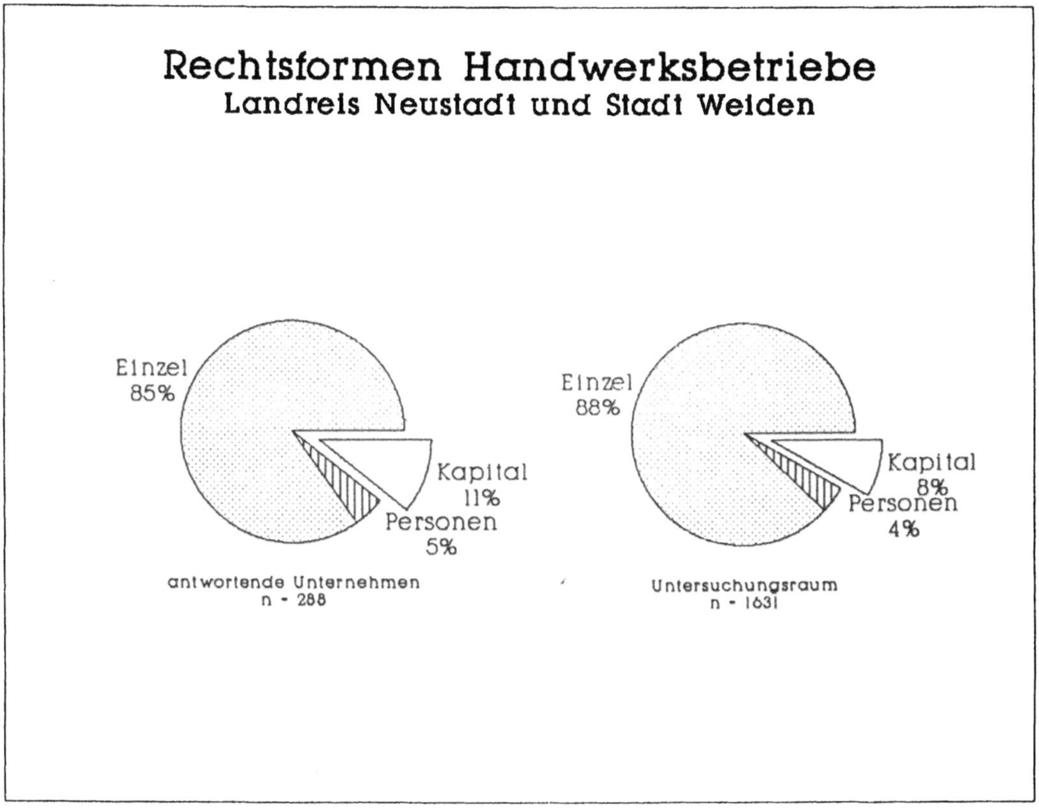

Damit sind in etwa 90 Prozent der eingetragenen Unternehmen Einzelfirmen oder Personengesellschaften.

Eine Umfrage der Creditreform spricht dagegen von ganz anderen Zahlen[1]: Anfang 1987 sollen bereits 42 Prozent der Handwerksunternehmen in Form von Kapitalgesellschaften geführt worden sein, dagegen nur 43 Prozent in Form der Einzelfirma. Recherchen haben ergeben, daß diese Ergebnisse aufgrund der Handelsregistereinträge ermittelt wurden.[2] Diese Umfrage erfaßt demnach nicht das gesamte Handwerk, sondern das Produzierende Handwerk, wo eine Registereintragung eher durchgeführt wird (vgl. Abschnitt IV, 2.2.2).[3]

1) Vgl. Branchenbericht der Commerzbank vom 21.10.87: Das Handwerk, S. 5

2) Auskunft des Verbandes der Vereine Creditreform, Neuß

3) Vgl. Handwerkskammer Köln: Eigenkapitalquoten im Handwerk, Köln 1981, S. 2

Als Auswahlkriterien der Betriebsgröße bieten sich Umsatz, Bilanzsumme und Mitarbeiterzahlen an[1].

Das Kriterium der Betriebsgröße ist im Handwerk nicht ohne weiteres auf die Betriebsleistung beziehungsweise den Umsatz zu reduzieren. Die Umsätze werden sowohl aus handwerklicher Leistung, als auch aus Handelstätigkeit und aus der Erbringung von Dienstleistungen getätigt. Es wäre einfach eine Verzerrung, wollte man die Leistung eines Goldschmiedes, der auch einen Schmuckverkauf betreibt, mit der Leistung eines Baumeisters, der außer dem eigenen Materialeinsatz keine Warenein- oder -verkäufe hat, vergleichen. Ebenso deutlich wird dies beim Vergleich eines KFZ Betriebes mit Autoverkauf und einem Schusterladen.

Über die Vergleichsgröße "Umsatz" kann man bestenfalls Betriebsvergleiche innerhalb der Handwerksgruppe durchführen. Als betrachtungsrelevante Aussage bleibt der Umsatz eigentlich ohne Bedeutung; dennoch wurden die Umsätze für die Untersuchung erfaßt und ausgewertet (vgl. Tabelle 8).

Die Darstellung der Bilanzsummen als Bezugsbasis für die EK-Quoten sowie die Betriebsgrößen nach Mitarbeiterzahlen sind jedoch genügend geeignet. Deshalb werden die Bilanzsummen in Größenklassen eingeteilt, ebenso die Mitarbeiterzahlen.

1.4. Festsetzung der gewünschten Rücklaufquote

Entsprechend der Erfahrung aus anderen Untersuchungen wurde mit einer geringen Rücklaufquote gerechnet. Bei einem Rücklauf von mehr als 10 Prozent sollte die Untersuchung als gelungen gelten.

1) Von der starren Einteilung der Betriebsgrößen anal. dem Institut für Mittelstandsforschung soll hier abgewichen werden. (Vgl. Thorbach, R. P.: Die Entwicklung der Unternehmensgrößen in der Bundesrepublik Deutschland von 1962 bis 1972 - Mittelstandsstatistik, Göttingen 1975)

Bei einer niedrigeren Rücklaufquote sollten Maßnahmen zu einer Verbesserung der Quote ergriffen werden. Diese waren vorgesehen im nochmaligen Anschreiben der Unternehmen beziehungsweise dem telefonischen oder persönlichen Ansprechen der Firmeninhaber bei einer eventuellen Kontaktaufnahme mit der Betriebsberatungsstelle Weiden nach Ende der Untersuchungslaufzeit.

2. Die praktische Durchführung der Befragung

2.1. Die Vorerhebung

Wie bereits erwähnt, wurde für die Sanktionierung des Fragebogens eine Vorerhebung durchgeführt. Diese wurde bei 63 Unternehmen im gesamten zu befragenden Gebiet und über alle Handwerksgruppen hinweg geführt. Auswahlkriterium war die Mitgliedschaft der Unternehmen in der "Arbeitsgemeinschaft für Unternehmensführung", einer Organisation von Handwerksbetrieben innerhalb der Kammer Niederbayern Oberpfalz. Hier wurde eine besonders hohe Beteiligung erhofft, außerdem auch Aufschlüsse über eventuelle Schwierigkeiten beim Fragebogen.

Die Beteiligung bei der Vorerhebung lag tatsächlich hoch. 39,7 Prozent der befragten Unternehmen gaben über ihre Firmenverhältnisse anonym Auskunft. Nach Beendigung der Laufzeit für diese Vorerhebung waren jedoch alle Firmen telefonisch aufgefordert worden, sich an der Erhebung zu beteiligen. Dies war sicher ein Grund für die doch insgesamt gute Beteiligung.

2.2. Die Haupterhebung

Der Fragebogen einschließlich Anschreiben und Rückantwortkuvert wurde innerhalb drei Tagen durch die Betriebsberatungsstelle Weiden versandt. Es wurden insgesamt 1.599 Betriebe angeschrieben.

2.3. Rücklaufquote und Reaktionsverhalten der befragten Unternehmen

Der Rücklauf erfolgte zunächst recht zügig bis eine Quote annähernd 15 Prozent erreicht war (inclusive der Vorerhebung). Gelegentliche telefonische Rückfragen konnten beantwortet werden.

Die Rücklaufquote war schließlich bei 18,45 Prozent, das heißt, 295 Unternehmen hatten den Fragebogen zurückgesandt.

Alle Angaben waren anonym erfolgt. Die Fragebögen waren nahezu vollständig und im Textteil ohne Auslassungen ausgefüllt. Im Zahlenteil gab es teilweise Schwierigkeiten bei der Übertragung der Bilanz. 6 Bögen waren nicht verwertbar. Teilweise wurden die betriebswirtschaftlichen Auswertungen einschließlich einer Bilanz nach dem DATEV-System übersandt.

Von den 289 verwertbaren Bögen ermittelten 83 Betriebe ihren Gewinn nach der Einnahmen-Überschuß-Rechnung und konnten dadurch keine Bilanzdaten zur Verfügung stellen. 205 Unternehmen machten Bestandsvergleich. Von diesen Unternehmen haben 146 Betriebe ihre Bilanzdaten und 142 Betriebe Bilanz- und G + V - Daten genannt (vgl. Tabelle 11) und rund die Hälfte beantwortete die Fragen nach den Substanzwerten.

Sowohl Rücklauf als auch Reaktionsverhalten übertrafen die Erwartungen. Ein nochmaliges "Nachfassen" war damit nicht erforderlich, hätte aber mit Sicherheit eine nochmalige Verbesserung der Rücklaufquote gebracht.

3. Auswertungsverfahren und Dokumentation der gewonnenen Daten

Mit Hilfe eines statistischen Auswertungsverfahrens wurden alle verwertbaren Bögen erfaßt, gezählt und ausgewertet. Die gewonnenen Daten wurden zum Teil tabellarisch dargestellt, die Datenbasis steht in Diskettenform zur Verfügung.

3.1. Die quantitative Analyse

Mittels Verhältniszahlen aus der statistischen Zählung wurden Vergleiche und Aussagen hinsichtlich verschiedener Ausprägungen gemacht. In die Beurteilung wurden alle Befragungselemente des Fragebogens einbezogen.

3.2. Die qualitative Analyse

Die statistischen Analyseergebnisse wurden zur qualitativen Analyse durch Kreuzauswertungen miteinander verknüpft. Hierbei wurden Aussagen über größenabhängige Unterschiede und gruppenbeziehungsweise rechtsformabhängige Besonderheiten möglich. Sowohl die Kennziffern aus den Bilanzdaten als auch aus den G + V - Rechnungen wurden entsprechend aufbereitet. Die Definitionen der verschiedenen Kennziffern finden sich im Anhang.

Abschnitt IV

Analyse der Ergebnisse und Erkenntnisgewinne

1. Darstellung der unternehmensspezifischen Eigenschaften der befragten Unternehmen

1.1. Quotale Verteilung der antwortenden Unternehmen und der Grundgesamtheit im Untersuchungsraum nach Handwerksgruppen:

Tabelle 1:

Handwerksgruppen im Untersuchungsraum
Frage 1

Handwerksgruppe	Anzahl der Betriebe	Anteil in %
Bau	72	25.17
Metall	69	24.13
Holz	26	9.09
Bekleidung	16	5.59
Nahrung	59	20.63
Gesundheit	9	3.15
Glas, Papier	4	1.40
Handwerksähnliche	31	10.84
antwortende Betriebe insgesamt	286	100.00

Tabelle 2:

Handwerksgruppen
Grundgesamtheit

Handwerksgruppe	Anzahl der Betriebe	Anteil in %
Bau	256	16.01
Metall	545	34.08
Holz	118	7.38
Bekleidung	94	5.88
Nahrung	277	17.32
Gesundheit	150	9.38
Glas, Papier	53	3.32
Handwerksähnliche	106	6.63
Betriebe insgesamt	1599	100.00

Bei der Auswertung der Daten fiel auf, daß sich die Bau- und Ausbau-Betriebe, die Handwerksähnlichen Unternehmen, die Nahrungsmittelbetriebe und die Holzbetriebe überproportional an der Befragung beteiligt hatten. Dagegen waren die Betriebe aus den Gruppen Bekleidung, Gesundheit und Glas, Papier nur ganz gering vertreten. Das in diesen Gruppen ausgewertete Datenmaterial ist daher nicht als repräsentativ anzusehen, sondern eher ein Zufallsergebnis. Auch die Metallbetriebe hatten sich relativ wenig beteiligt, da jedoch die Grundgesamtheit hoch ist, kann man von einer Repräsentativität ausgehen. Eine Erklärung für die niedrige Beteiligungsquote könnte hier sein, daß eine wesentliche Anzahl der Betriebe im Metallhandwerk Autohäuser sind. Diese haben oft einen sehr hohen Handelsanteil und betrachten sich oft nicht mehr als Handwerker. Auch große Elektrohändler, die aufgrund der Geräteanschlußarbeiten eine Handwerkseintragung haben müssen, sehen sich unter Umständen nicht als Handwerksbetrieb und haben somit auch nicht das Interesse, eine Untersuchung im Handwerk zu unterstützen.

1.2 Rechtsformen

Tabelle 3:

Rechtsformen im Untersuchungsraum
Frage 2

Rechtsform	Anzahl der Betriebe	Anteil in %
Einzelunternehmen	244	84.72
Personengesellschaft	13	4.51
Kapitalgesellschaft	16	5.56
Mischformen	7	2.43
Betriebsaufspaltung	8	2.78
antwortende Betriebe insgesamt	288	100.00

Die Rechtsformen der antwortenden Unternehmen stellen sich ähnlich dar wie im Kammerbezirk und im Untersuchungsraum (vgl. Darstellung 2 und 3).

1.3. Der Betriebsbestand

Tabelle 4:

Betrieb besteht seit:
Frage 3

Bestand	Anzahl der Betriebe	Anteil in %
noch kein Jahr	10	3.46
1 bis 2 Jahre	18	6.23
3 bis 4 Jahre	19	6.57
5 bis 10 Jahre	35	12.11
11 bis 20 Jahre	40	13.84
mehr als 20 Jahre	167	57.79
antwortende Betriebe insgesamt	289	100.00

Tabelle 4a:

Betriebsbestand im Kammerbezirk und im Untersuchungsraum

Bestand	Kammerbezirk	Untersuchungsraum
bis 10 Jahre	6002 Betr.= 24.3 %	331 Betr. = 20.7 %
11 bis 20 Jahre	12065 Betr.= 48.9 %	831 Betr. = 52.0 %
älter als 20 Jahre	6586 Betr.= 26.7 %	437 Betr. = 27.3 %
insgesamt in die Handwerksrolle eintragene Betriebe	24.653 Betr.=100.0 %	1599 Betr. = 100.0 %

Das Alter der antwortenden Betriebe liegt im Bereich "älter als 20 Jahre" wesentlich höher als im Kammerbezirk und im Untersuchungsraum. Dafür ist der Bereich zwischen 11 und 20 Jahren unterbesetzt. Faßt man jedoch die Gruppen "bis 10 Jahre" und "älter als 10 Jahre" zusammen, ergeben sich in etwa die gleichen Verhältniszahlen:

Tabelle 4b:

Betriebsbestand Vergleich Kammerbezirk/Untersuchungsraum/antwort.Betriebe

Bestand	Kammerbezirk	Untersuch.raum	antwort. Betriebe
bis 10 J.	24.4 %	20.7 %	28.4 %
älter als 10 Jahre	75.6 %	79.3 %	71.6 %
Betriebe insgesamt	100.0 %	100.0 %	100.0 %

1.4. Mitarbeiterzahl im Jahresdurchschnitt

Tabelle 5:

Mitarbeiterzahl
Frage 4

Mitarbeiterzahl	Anzahl der Betriebe	Anteil in %
keine Mitarbeiter	66	22.84
1 bis 4 Mitarbeiter	103	35.64
5 bis 10 Mitarbeiter	61	21.11
11 bis 20 Mitarbeiter	31	10.73
21 bis 50 Mitarbeiter	18	6.23
mehr als 50 Mitarbeiter	10	3.46
antwortende Betriebe insgesamt	289	100.00

Die durchschnittliche Mitarbeiterzahl der antwortenden Unternehmen lag bei circa 8 Beschäftigten. Dies entspricht in etwa der durchschnittlichen Beschäftigtenzahl im Handwerk von 7,7[1], so daß die Repräsentativität der Daten festgestellt werden kann.

Nahezu ein Viertel der antwortenden Unternehmen sind "Einzelkämpfer". Die Mehrzahl aller Betriebe sind Kleinstunternehmen, wobei rund 80 Prozent der Betriebe im Durchschnitt höchstens zehn Mitarbeiter beschäftigen. Nur ein sehr kleiner Anteil rechnet zu den größeren Betrieben.

Folgende Größenklassen wurden gebildet:

Gruppe	keine bis 4 Mitarbeiter	kleinste Unternehmen
Gruppe	5 bis 10 Mitarbeiter	kleinere Unternehmen
Gruppe	11 bis 20 Mitarbeiter	mittlere Unternehmen
Gruppe	21 bis 50 Mitarbeiter	größere Unternehmen
Gruppe	mehr als 50 Mitarbeiter	große Unternehmen

1) Vgl. Bundesministerium für Wirtschaft: Das Handwerk, a.a.O., S. 12

1.5. Die Betriebsgebäude

Tabelle 6:

Betriebsgebäude
Frage 5

Ausprägung	Anzahl der Betriebe	Anteil in %
gepachtet/gemietet	55	19,16
unser Eigentum	91	31,71
Eigentum und enthalten Privathaus/-wohn.	134	46,69
Mehrfachnennungen	7	2,44
antwortende Betriebe insgesamt	287	100,00

Der größte Teil der befragten Unternehmen war Eigentümer der Betriebsgebäude. Nur 19 % hatten ihr Unternehmen in gemieteten oder gepachteten Räumen untergebracht.

Beinahe die Hälfte der Betriebe hatten aber auch Privathäuser auf dem Betriebsgelände stehen. Dieser Privatbesitz ist in der Regel in keiner Bilanz erfaßt.

Dies entspricht in etwa den Eigentumsverhältnissen beim Grundvermögen der Betriebe, die anläßlich der Existenzgründung untersucht wurden. Bereits 62 Prozent der Unternehmen hatten zum Gründungszeitpunkt ihre Betriebe auf eigenen Grundstücken und in eigenen Gebäuden untergebracht und nur 29 Prozent waren in gemieteten oder gepachteten Räumen.[1]

1) Vgl. Deutsches Handwerks-Institut: Betriebswirtschaftliche Kennzahlen zur Existenzgründung im Handwerk, München 1982, S. 65

1.6. Die regionale Lage der Betriebe (vgl. Darstellung 1)

Tabelle 7:

Regionale Lage
Frage 6

Lage im Zonenrand	Anzahl der Betriebe	Anteil in %
ja	237	83.16
nein	48	16.84
antwortende Betriebe insgesamt	285	100.00

Die Verteilung entspricht in etwa den Verhältnissen im gesamten Untersuchungsraum, wo 15,45 Prozent der Betriebe außerhalb des Zonenrandes liegen.[1]

1.7. Die Umsatzgrößen

Die durchschnittlichen Umsätze der Handwerks- und handwerksähnlichen Betriebe lagen im Kammerbezirk im Jahr 1988 bei rund 700 TDM.[2] Im Untersuchungsraum lag diese Quote deutlich höher bei etwa 825 TDM, wobei die Stadt Weiden mit durchschnittlich 1,15 Mio DM einen doch recht deutlichen Vorsprung vor dem Landkreis Neustadt mit 682 TDM hatte.

Die durchschnittlichen Umsätze der Betriebe, die sich an der Untersuchung beteiligten, lagen bei etwa 1,1 Mio DM. Daraus könnte man ableiten, daß die Betriebe der Stadt Weiden verstärkt teilnahmen.

1) Quelle: Auswertung der Handwerksrolle für den Untersuchungsraum

2) Vgl. Broschüre der Handwerkskammer Niederbayern Oberpfalz, a.a.O., S. 97

Tabelle 8:

Umsatz in DM x 10.000

Ausprägung	Anzahl der Betriebe	Anteil in %
bis 25	36	24,16
25 bis 50	37	24,83
50 bis 100	32	21,48
100 bis 150	8	5,37
150 bis 200	14	9,39
200 bis 300	6	4,03
300 bis 500	8	5,37
mehr als 500	8	5,37
antwortende Betriebe insgesamt	149	100

Darstellung 4:

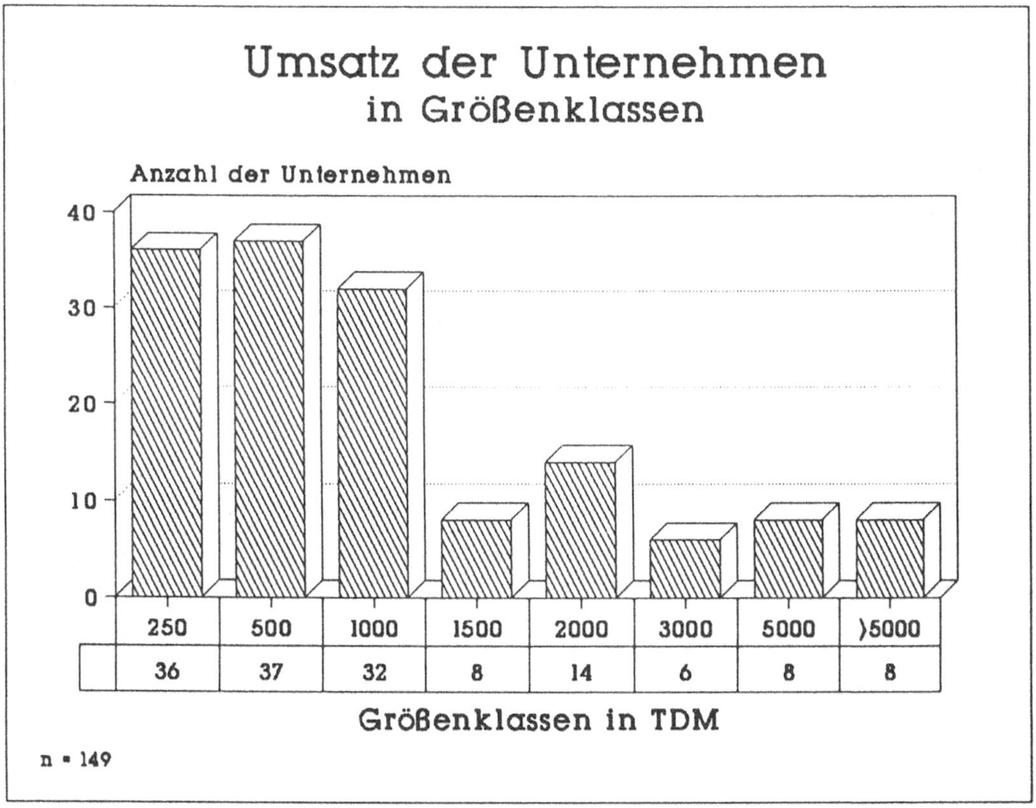

Tabelle 8a:

Umsatzerlöse
Frage 7

Erlöse	Anzahl der Betriebe	Anteil in %
reiner HW-Leistung	122	42,36
Handel + Handwerk	131	45,49
Handwerksähnlicher Dienstleistung	35	12,15
antwortende Betriebe insgesamt	288	100,00

Der größte Anteil der antwortenden Betriebe, nämlich über 70 Prozent, erzielte Umsätze unter 1 Mio. DM. Nur sehr wenige Unternehmen (5,37 Prozent) hatten mehr als 5 Mio. DM Umsatz.

Die Umsätze wurden zum größten Teil aus Handwerks- und Handelstätigkeit erzielt.

1.8. Die Bilanzgrößen

Der Untersuchung standen folgende Bilanzen und G + V - Rechnungen zur Verfügung:

Tabelle 9:

Angabe von Bilanzdaten

Ausprägung	Anzahl der Betriebe	Anteil in %
vorhanden	146	50,69
nicht vorhanden	59	20,49
keine wegen Einnahmen-Überschuß-Rechnung	83	28,82
antwortende Betriebe insgesamt	288	100,00

Tabelle 10:

Gewinnermittlung
Frage 21

Ausprägung	Anzahl der Betriebe	Anteil in %
Einnahmen-Überschuß-Rechnung	83	28,82
Bestandsvergleich mit Bilanzen, Inventuren	205	71,18
antwortende Betriebe insgesamt	288	100,00

Die Bilanzen waren fast ausschließlich zum 31.12.87 datiert.

Nach Handwerksgruppen aufgeteilt, standen der Untersuchung folgende Bilanzen und G + V - Rechnungen zur Verfügung:

Tabelle 11:

Bilanzendaten und G + V - Rechnungen nach Handwerksgruppen

Handwerks-gruppe	antwortende Unternehmen mit Bestands-vergleich	zur Verfügung gestellte Bilanzen und G + V - Rechnungen Anzahl	Anteil
Bau und Ausbau	60	43	71.6
Metall	47	31	66.0
Holz	18	11	61.1
Bekleidung	7	6	85.7
Nahrung	43	35	81.4
Gesundheit	3	2	66.7
Glas. Papier	2	2	100.0
Handwerksähnliche	22	12	54.5
Insgesamt	202	142	70.3

Anteil in Prozent

1.8.1. Die durchschnittlichen Bilanzsummen

In der Stichprobe waren Bilanzsummen von unter 20.000 DM bis mehr als 10 Mio. DM enthalten. Um eine durchschnittliche Aussage zu erhalten, wurden die Bilanzsummen klassifiziert und entsprechend ihrer Häufigkeit gewichtet.

Folgende Größenklassen wurden gebildet:

Bilanzsummen in TDM	Größenbezeichnung	Klasse
unter 100	kleinste Unternehmen	I
100 bis 200	kleine Unternehmen	II
200 bis 500	kleinere Unternehmen	III
500 bis 1.000	mittlere Unternehmen	IV
1.000 bis 2.000	mittlere Unternehmen	V
2.000 bis 5.000	größere Unternehmen	VI
über 5.000	große Unternehmen	VII

Gemäß diesen Größenklassen ergab sich folgende Verteilung:

Tabelle 12:

Bilanzsummen in TDM
in Größenklassen

Ausprägung	Anzahl der Betriebe	Anteil in %
I	21	14.38
II	26	17.81
III	38	26.03
IV	32	21.92
V	15	10.28
VI	9	6.16
VII	5	3.42
antwortende Betriebe insgesamt	146	100.00

Es ergab sich eine durchschnittliche Bilanzsumme von über 830 TDM. Im Handwerksbereich gibt es bisher keine spartenübergreifenden Veröffentlichungen über die Bilanzsummen der Unternehmen. Man kann jedoch indirekte Erkenntnisse über die Bilanzsummen aus den Vermögensangaben pro Beschäftigten, die in Form empirischer Befragungen anläßlich von Betriebsgründungen erfaßt werden[1], gewinnen. Diese Daten zeigen, daß über verschiedene Handwerkszweige hinweg ein durchschnittliches Gesamtvermögen nach Bilanzwerten pro Beschäftigten von rund 40 TDM für eine Betriebsgründung nötig war. Die Zahlen beruhen allerdings auf der Handwerkszählung von 1977 bzw. aus einer geführten empirischen Untersuchung von 1981[2]. (Die damalige Anlagenintensität entsprach im Durchschnitt prozentual jedoch bereits der heutigen mit etwas mehr als 55 Prozent[3].) Legt man zugrunde,

1) Vgl. Deutsches Handwerks-Institut, a.a.O., S. 47

2) ebenda, S. 47 - Vgl. auch Beckermann, T.: Das Handwerk in der Bundesrepublik Deutschland, Berlin 1980, S. 49

3) Vgl. Verhältniszahlen ..., a.a.O., S. 13

daß im Zeitablauf die Bruttoanlageinvestitionen um etwa 70 Prozentpunkte gestiegen sind[1] und daß besonders im Handwerk technologische Innovationen stattfanden[2], was durch einen Anstieg der erzielten Umsätze um rund 33 Prozentpunkte bei gleichzeitigem Rückgang der Beschäftigten um etwa 5 Prozentpunkte und einem Anstieg des Preisindexes um nur 28 Prozentpunkte aufgezeigt wird.[3] Insgesamt kann somit auf mindestens eine Verdoppelung bis Verdreifachung des durchschnittlichen Gesamtvermögens geschlossen werden, was sich bei den durchschnittlich 8 Beschäftigten im Untersuchungsraum dann der in dieser Untersuchung ermittelten durchschnittlichen Bilanzsumme nähert.

Darstellung 5:

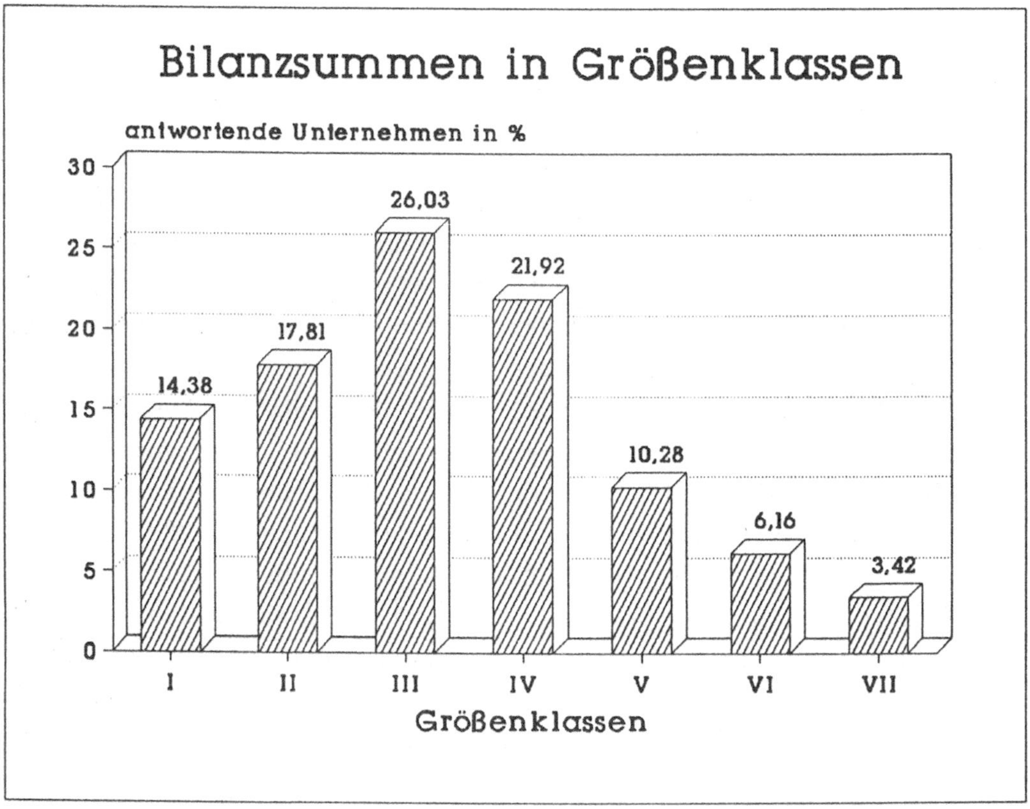

1) Vgl. Bundesministerium für Wirtschaft: Leistung in Zahlen '87, 37. Auflage, S. 37

2) ebenda, S. 55

3) ebenda

Dabei zeigte sich, daß weit über die Hälfte der antwortenden Unternehmen eine Bilanzsumme unter 500 TDM hatten. Nahezu ein Drittel der Unternehmen bewegte sich in der Größenordnung von 500 bis 2.000 TDM. Nur knapp ein Zehntel der Unternehmen hatte größere Bilanzsummen.

1.8.2. Anwendung der Größenklassen auf die einzelnen Handwerksgruppen

Aufgrund unterschiedlicher Anlagen- und Personalintensitäten in den verschiedenen Handwerksgruppen ergäben sich eventuell gewisse Veränderungen in der Größengliederung. Trotzdem wird auch für die Bereiche, in denen stärkere Abweichungen zu erwarten waren, keine Änderung der Größenklasse je Sparte vorgenommen. Eine Anpassung der Größenklassen an die Handwerksgruppen würde nur zur verwirrenden Zersplitterung führen.

2. Die Kapital- und Finanzierungssituation der befragten Unternehmen

2.1. Die Eigenkapitalquoten (EK-Quoten)

Von den befragten Unternehmen gaben 140 Betriebe ihren Eigenkapitalstand bekannt.

2.1.1. Die durchschnittlichen EK-Quoten

Es ergab sich eine durchschnittliche EK-Quote von 23,25 Prozent. Dies liegt im krassen Widerspruch zu den Werten im Verarbeitenden Gewerbe insgesamt, die laut Bericht der

Bundesbank bei vergleichbaren Unternehmen derzeit bei 7,4 Prozent liegen (vgl. Ausführungen Abschnitt II,3).

Die nachfolgende Tabelle und Darstellung zeigt die durchschnittliche Verteilung der Quoten aller antwortenden Unternehmen:

Tabelle 13:

EK - Quoten in %

Ausprägung	Anzahl der Betriebe	Anteil in %
-100 bis -50	3	2,14
-50 bis -25	12	8,57
-25 bis 0	19	13,57
0 bis 5	10	7,14
5 bis 10	4	2,86
10 bis 15	7	5,00
15 bis 20	9	6,43
20 bis 25	11	7,86
25 bis 30	6	4,29
30 bis 40	16	11,43
40 bis 50	11	7,86
50 bis 75	16	11,43
75 bis 100	16	11,43
insgesamt	140	100,00

Darstellung 6:

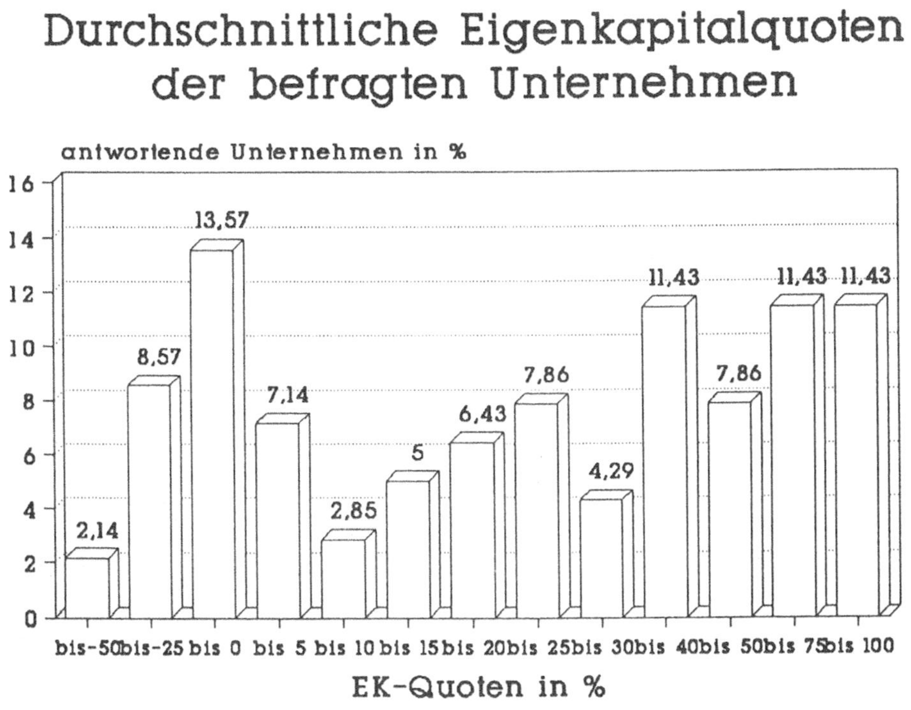

Die EK-Quoten können in die Kategorien "negativ / niedrig / befriedigend / hoch" eingeteilt werden. Diese Kategorien mit eindeutigen und unverrückbaren Werten (außer den negativen) zu belegen, ist bisher noch nicht gelungen.[1] Trotzdem kann man unter kritischer Würdigung des wirtschaftlichen Zeitablaufs gewisse Werte zuordnen.[2]

Für diese Untersuchung wurden die Kategorien wie folgt belegt:

negative EK-Quote	= Minuskapital (kein ausgewiesenes EK)
niedrige EK-Quote	= mehr als 0 bis 15 Prozent
befriedigende EK-Quote	= mehr als 15 Prozent bis 40 Prozent
hohe EK-Quote	= mehr als 40 Prozent

1) Vgl. Sigloch, J.: Der Einfluß der Besteuerung auf die Eigenkapitalbildung der Unternehmung, in: Wossidlo, a.a.O., S. 181

2) Vgl. Fritsch, a.a.O., S. 10 - 30

Danach erhält man folgende Darstellung:

Darstellung 7:

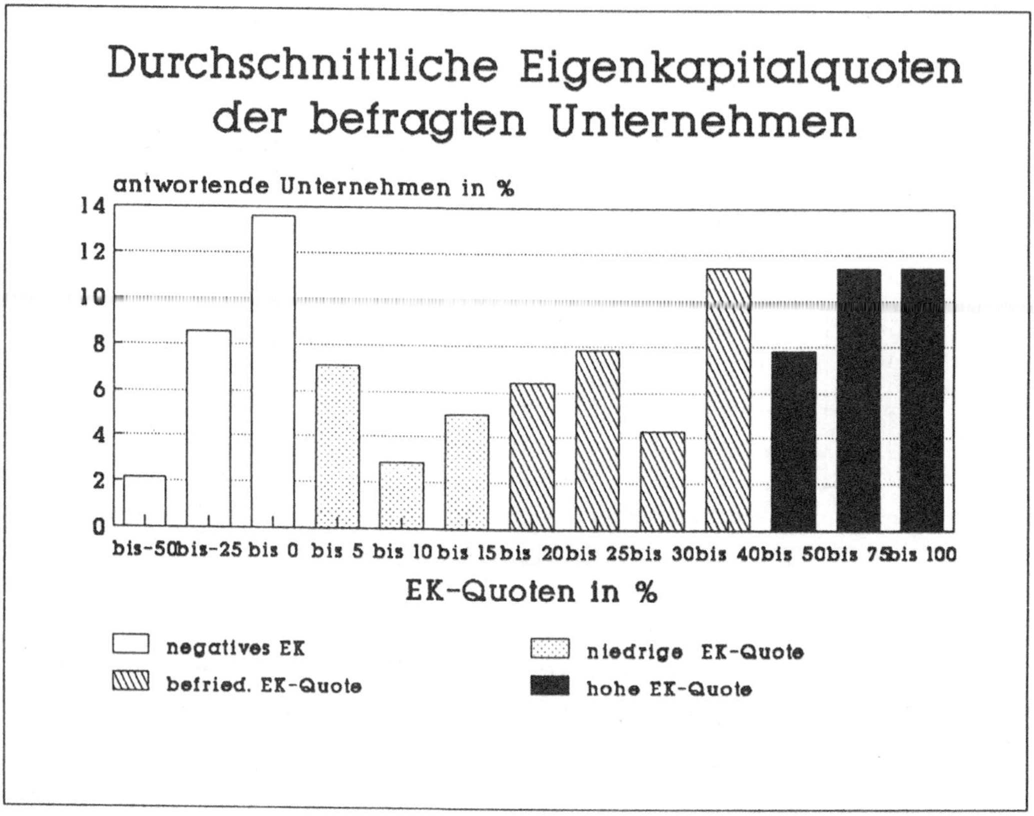

Darstellung 8:

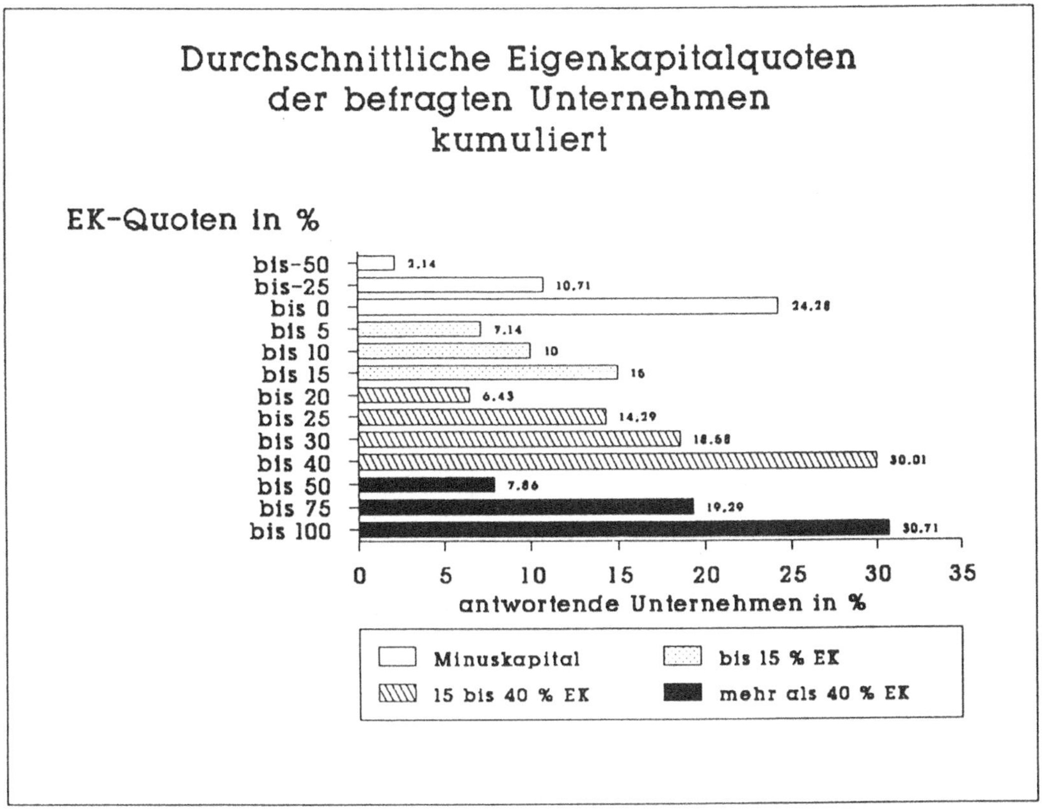

Die kumulierten Werte zeigen, daß immerhin knapp ein Viertel der Unternehmen sich im "Minuskapital" befand, das heißt, sie hatten kein Eigenkapital ausgewiesen. Eine niedrige Quote bis 15 Prozent hatten 15 Prozent der Betriebe. Man kann also sagen, daß unter Berücksichtigung des negativen Kapitals rund 40 Prozent der Unternehmen eine durchschnittlich unbefriedigende Eigenkapitalaustattung hatten.

Die Mehrzahl der Unternehmen verfügte jedoch über eine befriedigende oder hohe Eigenmittelausstattung. Bei fast einem Viertel der Unternehmen überwog der Eigenkapitalanteil das Fremdkapital.

Darstellung 9:

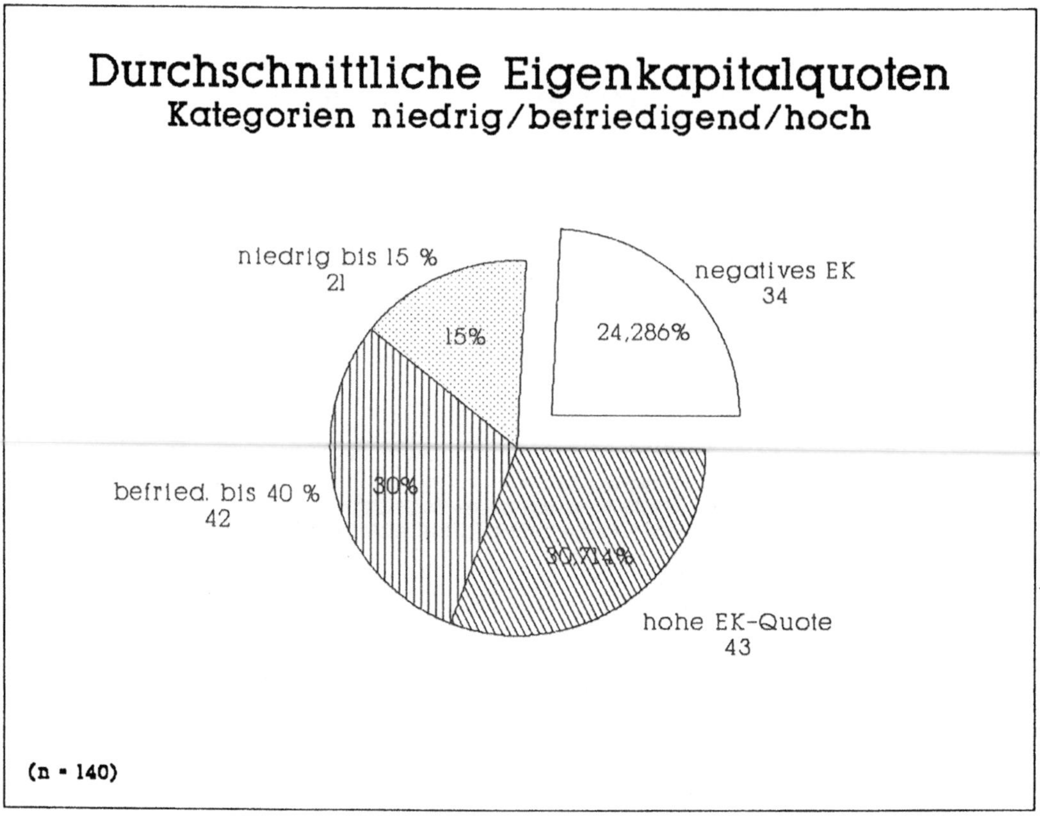

2.1.2. Die Eigenkapitalquoten nach Betriebsgröße

Erkenntnisse über größenspezifische Unterschiede lassen sich aus der Einteilung nach Betriebsgrößen treffen.

Eine sinnvolle Einteilung nach Betriebsgröße ergibt sich aus den Kriterien

Bilanzsummen
Mitarbeiterzahlen
Umsätze.

2.1.2.1. Die Eigenkapitalquoten nach Bilanzsummen

Tabelle 14:

Eigenkapitalquoten nach Betriebsgröße
Bilanzsummen nach Größenklassen

EK-Quote	negativ	niedrig	befried.	hoch	
Bilanzsumme		Anzahl (Anteil)			gesamt
I	3 (16,7)	4 (22,2)	3 (16,7)	8 (44,4)	18
II	6 (23,1)	0 (0,0)	2 (7,8)	18 (69,2)	26
III	7 (19,4)	3 (8,3)	15 (41,7)	11 (30,6)	36
IV	10 (31,3)	5 (15,6)	14 (43,8)	3 (9,4)	32
V	6 (40,0)	5 (33,3)	2 (13,3)	2 (13,3)	15
VI	2 (25,0)	3 (37,5)	2 (25,0)	1 (12,5)	8
VII	0 (0,0)	1 (20,0)	4 (80,0)	0 (0,0)	5
antwortende Betriebe insgesamt	34	21	41	43	140

(Vgl. Größenklasseneinteilung)

Aus der nachfolgenden Darstellung wird deutlich, daß insbesondere die kleinen Unternehmen vermehrt hohe EK-Quoten hatten. Die größeren Unternehmen dagegen wiesen häufiger unbefriedigende Quoten aus.

Darstellung 10:

Eigenkapitalquoten nach Betriebsgröße auf Bilanzsummen bezogen

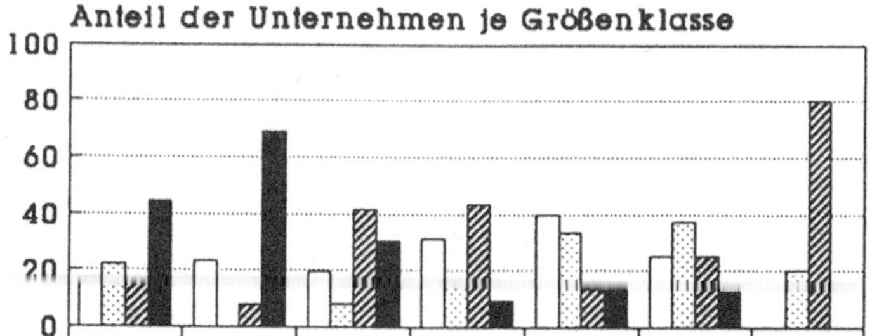

	I	II	III	IV	V	VI	VII
negative EK-Quote	16,7	23,1	19,4	31,3	40	25	0
niedrige EK-Quote	22,2	0	8,3	15,6	33,3	37,5	20
befried. EK-Quote	16,7	7,7	41,7	43,8	13,3	25	80
hohe EK-Quote	44,4	69,2	30,6	9,4	13,3	12,5	0

negative EK-Quote · niedrige EK-Quote · befried. EK-Quote · hohe EK-Quote

Bilanzsummen in Größenklassen

Eine Zusammenfassung in kleine und größere Unternehmen zeigt dies deutlich (vgl. Darstellung 11):

Darstellung 11:

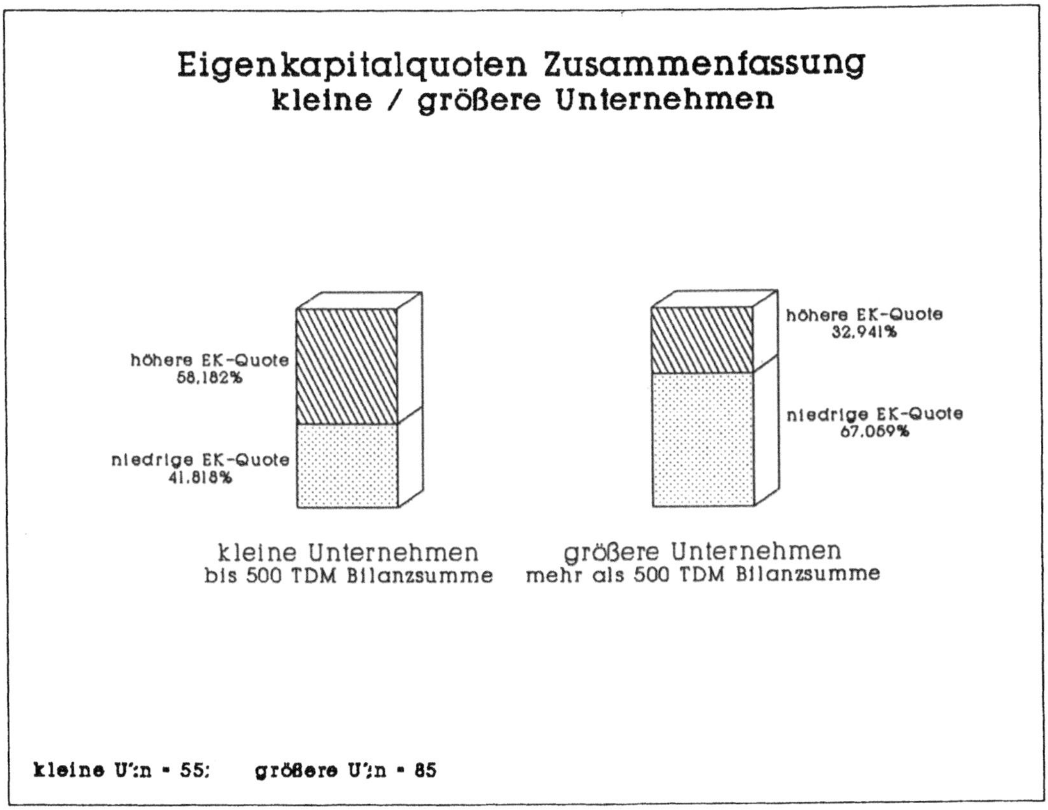

2.1.2.2. Die Eigenkapitalquoten nach Mitarbeiterzahlen

Tabelle 15:

Eigenkapitalquoten nach Betriebsgröße
auf Mitarbeiter bezogen

EK-Quote / Mitarbeiter	negativ	niedrig	befried.	hoch	gesamt
	Anzahl (Anteil)				
bis 10	27 (26,7)	9 (8,9)	28 (27,7)	37 (36,6)	101
11 bis 20	4 (20,0)	6 (30,0)	7 (35,0)	3 (15,0)	20
21 bis 50	2 (15,4)	4 (30,8)	4 (30,8)	3 (23,0)	13
mehr als 50	1 (16,7)	2 (33,3)	3 (50,0)	0 (0,0)	6
antwortende Betriebe insgesamt	34	21	41	43	140

n = 140

Bezieht man die EK-Quoten auf die Mitarbeiterzahlen, ergaben sich ebenfalls für die kleineren Unternehmen durchschnittlich bessere Eigenmittelanteile. Immerhin wiesen 54,3 Prozent der kleinen Betriebe befriedigendes oder hohes Eigenkapital aus. Allerdings fällt auf, daß hier auch die größte Anzahl, wenn auch nicht der größte Anteil, der Betriebe mit Minuskapital lag.

Darstellung 12:

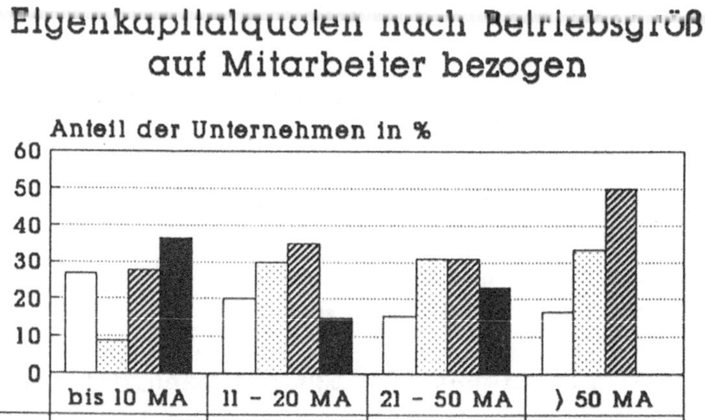

	bis 10 MA	11 - 20 MA	21 - 50 MA	) 50 MA
negative EK-Quote	26,7	20	15,4	16,7
niedrige EK-Quote	8,9	30	30,8	33,3
befried. EK-Quote	27,7	35	30,8	50
hohe EK-Quote	36,6	15	23	0

2.1.2.3. Die Eigenkapitalquoten nach Umsätzen

Darstellung 13:

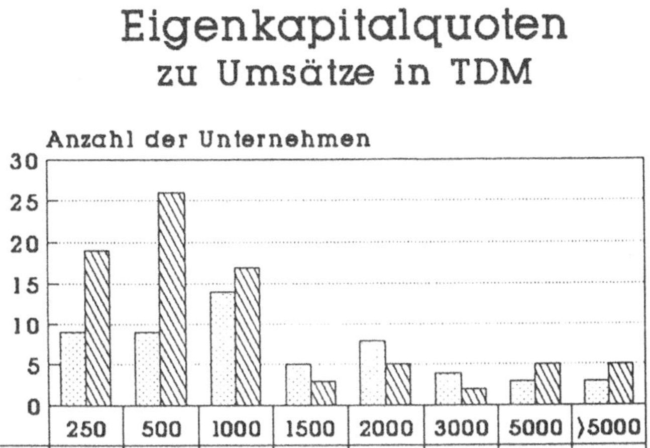

	250	500	1000	1500	2000	3000	5000	>5000
negativ oder niedrig	9	9	14	5	8	4	3	3
befriedig. oder hoch	19	26	17	3	5	2	5	5

Umsatz in Größenklassen

negativ oder niedrig / befriedig. oder hoch

n = 137

Es zeigt sich sehr deutlich, daß die EK-Quoten mit steigenden Umsätzen tendenziell sinken.

Die kleinsten Betriebe bis 250 TDM Umsatz hatten zu 68 Prozent befriedigende oder hohe EK-Quoten, die kleinen bis 500 TDM Umsatz sogar zu 74 Prozent und bis zu 1 Mio DM Umsatz noch zu 55 Prozent. Dagegen tritt im Bereich bis 3 Mio DM Umsatz eine dramatische Verschlechterung ein, wo rund zwei Drittel der Unternehmen ein negatives Eigenkapital auswies.

Bei Betrieben mit noch größeren Umsätzen waren dann die EK-Quoten wieder bei etwa durchschnittlich 40 Prozent. Hier ist allerdings die Frage zu stellen, inwieweit die umsatzstarken Unternehmen tatsächlich dem Handwerk zuzuordnen sind. Die Untersuchung zeigte ja, daß die Betriebe mit einer hohen Mitarbeiterzahl, welche im Handwerk wegen seiner Personalintensität im allgemeinen auch positiv zu hohen Umsätzen korreliert, eben keine hohen EK-Quoten auswiesen (vgl. Darstellung 11).

Insgesamt kann gesagt werden, daß kleinere Betriebe (in diesem Sinne werden Betriebe bis 1 Mio Umsatz als klein bezeichnet) eine wesentlich bessere Eigenmittelausstattung aufwiesen als größere Unternehmen.

Darstellung 14:

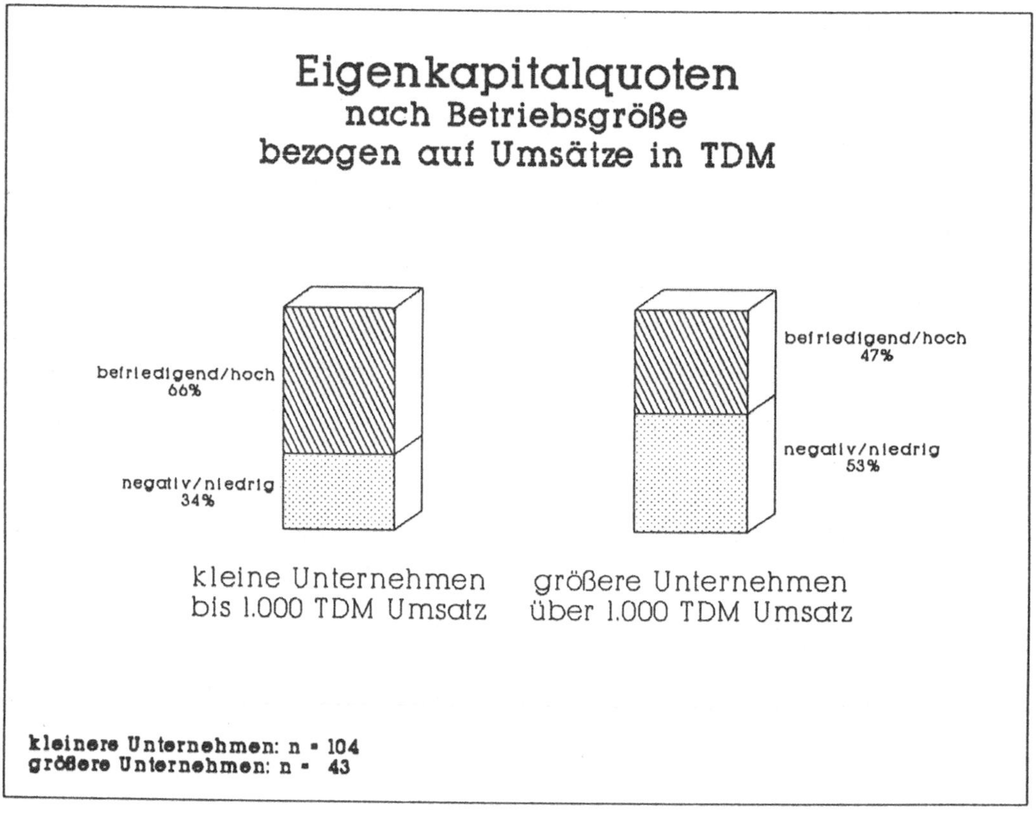

2.1.3. Die Eigenkapitalquoten in den einzelnen Handwerksgruppen

Die Eigenkapitalquoten in den einzelnen Handwerksgruppen waren unterschiedlich. Im Durchschnitt jedoch ergaben sich bei den meisten Handwerksgruppen Eigenkapitalwerte zwischen 20 und 30 Prozent.

Tabelle 16:

Eigenkapitalquoten nach Handwerksgruppen
Tabelle zur Darstellung "Durchschnittl. EK-Quoten"

EK - Quoten	Bau	Metall	Holz	Bekl.	Nahr.	Ähnl.	Ges.
-100 bis -50	0	0	0	1	2	0	3
-50 bis -25	2	1	1	0	5	2	11
-25 bis 0	8	6	0	0	4	1	19
0 bis 5	5	3	1	0	1	0	10
5 bis 10	2	1	0	0	0	0	3
10 bis 15	1	3	0	1	2	0	7
15 bis 20	2	3	3	0	0	1	9
20 bis 25	3	3	2	0	3	0	11
25 bis 30	1	1	1	0	1	1	5
30 bis 40	4	4	2	1	4	1	16
40 bis 50	1	2	1	2	3	2	11
50 bis 75	4	5	0	0	5	2	16
75 bis 100	7	0	1	1	5	1	15
antwortende Betriebe insgesamt	40	32	12	6	35	11	136

n = 136

Dies korrespondiert grundsätzlich zu den Ausführungen in Abschnitt II, 3.1.

Die nachfolgende Darstellung gibt einen Überblick über die durchschnittlichen EK-Quoten in den verschiedenen Handwerksgruppen.

Darstellung 15:

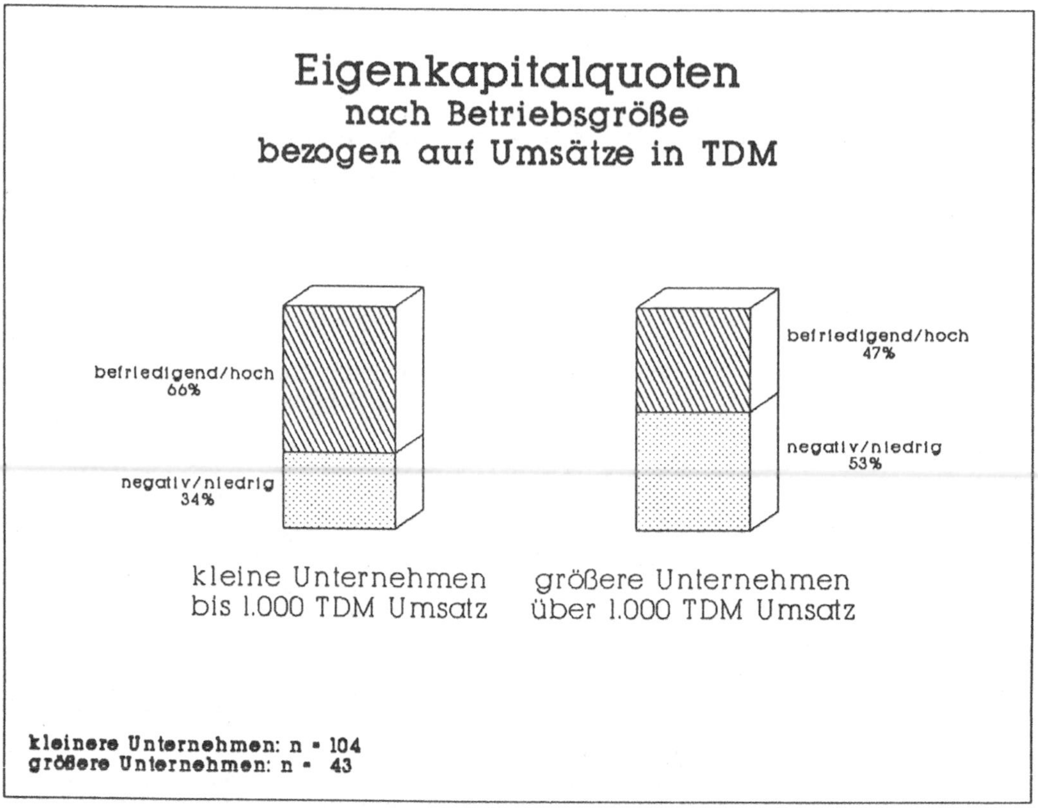

Rund ein Viertel der Unternehmen im Bau und Ausbau, etwa 18 Prozent im Metallbereich, beinahe ein Drittel im Nahrungshandwerk und ein Fünftel beim Handwerksähnlichen Gewerbe hatten mit "Minuskapital" zu kämpfen. Inwieweit dies tatsächlich von überhöhten Abschreibungen herrührt, wird im Punkt 3.3. untersucht. Die anderen Bereiche lieferten zu wenig Datenmaterial und es können daher keine repräsentativen Aussagen getroffen werden.

Zwischen den einzelnen Handwerksgruppen gibt es aber wesentliche größen- und spartenspezifische Unterschiede.

Bau und Ausbau:

Die kleinsten Unternehmen bis 4 Mitarbeiter und bis 500 TDM Bilanzsumme hatten den größten Eigenkapitalanteil. Mit zunehmender Größe verschlechterte sich die Eigenmittelausstattung rapide. Bei den größeren Unternehmen war die Quote besonders schlecht. Sie lag dennoch über dem Durchschnitt des Baugewerbes[1], der für Einzelunternehmen zur Zeit Minuswerte hat. Für die großen Baufirmen im Erhebungsgebiet kann allerdings keine durchschnittlich repräsentative Angabe erfolgen, da ihre Anzahl in der Stichprobe zu gering vertreten war. Nur zwei Unternehmen beschäftigten mehr als 50 Mitarbeiter und hatten eine größere Bilanzsumme als 5.000 TDM. Diese Unternehmen waren besser mit Eigenkapital ausgestattet als der Durchschnitt.

Metall:
Hier fiel auf, daß bei den mittleren Unternehmen, die den Hauptanteil der Stichprobe ausmachten, ein Eigenkapitaleinbruch bestand. Es handelte sich hier vor allem um alte Einzelunternehmen. In der Mehrzahl waren sie innerhalb des Zonenrandgebietes, trotzdem war keine erhöhte Abschreibungsquote vorhanden. Möglicherweise hatten diese Unternehmen aus der Vergangenheit noch Verlustvorträge aufzufangen. Eine erhöhte Sachanlagenintensität (vgl. Punkt 3.1.2.) spricht dafür, daß der Bedarf an Maschinen und Ausrüstungen offensichtlich verstärkt mit Fremdkapital gedeckt wurde. Die kleinen Betriebe waren dagegen weit besser mit Eigenmitteln ausgestattet.

Holz:
Die Eigenkapitalausstattung im Holzbereich war relativ befriedigend. Es fiel auf, daß keine größeren Holzhandwerker in der Stichprobe enthalten waren, sondern beinahe ausschließlich kleinere und mittlere Betriebe. In diesen Klassen waren auch die höchsten Quoten an Eigenmitteln vorhanden.

Bekleidung:
Beim Bekleidungshandwerk fielen insgesamt befriedigende Eigenmittelquoten auf. Sie sind jedoch nicht als repräsentativ anzusehen.

1) vgl. Verhältniszahlen ...für 1986, a.a.O.

Gesundheit und Glas, Papier:
Für beide Handwerksgruppen ließen sich keine Erkenntisse gewinnen. Die in der Stichprobe enthaltenen Betriebe hatten größtenteils keine Bilanzen erstellt.

Handwerksähnliche:
Die kleineren Unternehmen waren verstärkt mit Eigenkapital ausgestattet. Es waren aber kaum größere Unternehmen in der Stichprobe enthalten. Insgesamt war aber die Tendenz erkennbar, daß mit zunehmender Größe die Eigenmittelquote sinkt.

Nahrung;
Im Nahrungsmittelbereich hatten die kleinsten Unternehmen, die den Hauptanteil der Stichprobe bildeten, eine befriedigende Eigenmittelquote. Im mittleren Bereich bei bis zu 10 Mitarbeitern sank die Eigenmittelausstattung stark ab.

2.2. Die Finanzierungsstrukturen

Die Bilanzanalyse hat gezeigt, daß die Finanzierungsstrukturen bei den Unternehmen im Erhebungsgebiet dominierend von Fremdfinanzierung bestimmt sind. Langfristige Darlehen stehen dabei im Vordergrund, die wie bereits erläutert, zum Teil Eigenkapitalfunktionen übernehmen.[1] Relevante Kennziffern werden im Punkt 3.2. behandelt.

Demgegenüber steht die Innenfinanzierung aus Abschreibungsgegenwerten und die Gewinnthesaurierung beziehungsweise die Außenfinanzierung aus Beteiligung.

Die Finanzierung aus Rückstellungen wird im Punkt 5.2.2. dargestellt.

1) Vgl. hierzu auch Cassier, Siegfried C.: Die spezifischen Finanzierungsmöglichkeiten der mittelständischen Unternehmungen, in: Wossidlo, a.a.O., S. 302

2.2.1. Innenfinanzierung aus Abschreibungsgegenwerten und Gewinnthesaurierung

Es wurde bereits erläutert, daß sich im Erhebungsgebiet der Untersuchung die Einflüsse des ZonenRFG mit besonderen Abschreibungsmöglichkeiten ergeben. Die Befragung erfaßte diese möglichen Sonderabschreibungen ausdrücklich.

Tabelle 17:

Abschreibungsquoten in %

Ausprägung	Anzahl der Betriebe	Anteil in %
0 bis 10	26	19.26
10 bis 20	48	35.56
20 bis 30	20	14.81
30 bis 50	18	13.33
50 bis 75	8	5.93
75 bis 100	15	11.11
antwortende Betriebe insgesamt	135	100

Es zeigte sich, daß eine große Zahl von Unternehmen diese Möglichkeiten in Anspruch nahm. Dadurch ergaben sich teilweise sehr hohe Abschreibungsquoten. 11 Prozent aller Unternehmen hatten eine Abschreibungsquote von mehr als 75 Prozent, 19,3 Prozent der Unternehmen schrieben ebenfalls erhöht ab mit Quoten zwischen 30 und 75 Prozent.

Über 20 Prozent der Unternehmen mit negativer Eigenkapitalquote nahmen Abschreibungen in Höhe von 30 bis 75 Prozent vor, 18 Prozent der Unternehmen mit "Minuskapital" schrieben sogar noch höher ab und gerieten dabei teilweise in Verlust.

Auch die Unternehmen mit niedriger Eigenmittelausstattung bis zu 15 Prozent hatten verstärkt Abschreibungen in Anspruch genommen. Nahezu 24 Prozent dieser Unternehmen bediente sich der besonderen Möglichkeiten.

Es kann festgestellt werden, daß ein erheblicher Anteil der Unternehmen mit "Minuskapital" oder schlechter Eigenmittelausstattung die Abschreibungsmöglichkeiten nach dem ZonenRFG wahrnimmt.

Die Prüfung der Innenfinanzierungsmöglichkeit aus der Gewinnthesaurierung wurden in erster Linie über Privatentnahmen und -einlagen vorgenommen (da beinahe 90 Prozent der befragten Betriebe Einzelunternehmen oder Personengesellschaften sind, bestand in diesem Zusammenhang keine Notwendigkeit einer Überprüfung von Gewinn- oder Verlustvorträgen bei Kapitalgesellschaften).

Tabelle 18:

Privatentnahmen und Gewinnthesaurierung
Wurden Privatentnahmen verdient?

Ausprägung	Anzahl der Betriebe	Anteil in %
Gewinne > Privatentnahmen	54	48.21
Gewinne < Privatentnahmen	42	37.50
Privatentnahmen > als Cash flow	16	14.29
antwortende Betriebe insgesamt	112	100

112 Unternehmen aus dem Erhebungsgebiet machten Angaben zu diesem Sachverhalt. 48,2 % der Unternehmen tätigten weniger Privatentnahmen, saldiert mit den Einlagen, als den erwirtschafteten Gewinn. Fast die Hälfte der Unternehmen nahm also mit dem Mittel der Gewinnthesaurierung eine Eigenkapitalstärkung ihres Betriebes vor. 37,5 Prozent der Unternehmer entzogen ihrem Betrieb jedoch einen höheren Betrag als den zur Verfügung stehenden Gewinn.

14,3 Prozent tätigten sogar Privatentnahmen, die größer waren als der Cash flow, was bedeutet, daß die Privatentnahmen tatsächlich zu Lasten der Eigenkapitalausstattung gingen. Selbst vorgezogene Abschreibungen konnten den Mittelabfluß nicht neutralisieren.

Dieses Verhalten muß aber im Zusammenhang mit der Notwendigkeit der Entnahme auch in Zeiten rückläufiger Gewinne gesehen werden, denn in der Regel bestreiten die Firmeninhaber mit der Entnahme ihren Lebensunterhalt.

Die Erkenntisse aus der Stichprobe zeigten, daß die großen Handwerksbetriebe mit über 50 Mitarbeitern und 5 Mio. DM Bilanzsumme von diesem Sachverhalt nicht betroffen waren, da hier über den Weg des Gesellschaftergeschäftführers trotz schlechter Gewinnlage die Einkommen bereits als Gehälter geflossen waren.

2.2.2. Außenfinanzierung durch Beteiligung oder Fremdmittelzufuhr

In der Handwerkswirtschaft kommt eine Beteiligungsfinanzierung insgesamt recht selten vor[1]. Die Handwerker fürchten im allgemeinen um ihr Selbstbestimmungsrecht im Betrieb, wenn sie eine Beteiligung eingehen.[2] Aus diesem Grund ist es als eine handwerksspezifische Tatsache zu sehen, daß eine Beteiligungsfinanzierung geringe Bedeutung hat. Ausnahmen mögen gelten für den Bereich des Handwerks, der sehr eng mit der Industrie zusammenarbeitet (sogenannte Zulieferbetriebe) und der oft nicht genügend Kapitalstock hat, um notwendige Investitionen zu tätigen. Der hohe Finanzmittelbedarf wird durch Beteiligungen, meist in Form von GmbH's, abgedeckt (vgl. dazu die Ausführungen in Abschnitt III, 1.3.: Eintragungen ins Handelsregister).

Im wesentlichen sind dem Handwerk aber die traditionellen Finanzierungsmöglichkeiten am Kapitalmarkt verschlossen mit Ausnahme der Mittelständischen Kapitalbeteiligungsgesellschaften.[3] Hier werden dem Handwerk in gewissem Umfang Beteiligungen gewährt, die zum Beispiel im Jahr 1987 in Bayern 6,7 Mio. DM Beteiligungsvolumen ausmachten.[4] Vor allem Risikokapital für innovative Vorhaben und technologieorientierte Existenzgründungen wurde bereitgestellt.

Der breite Querschnitt im Handwerk verzichtet allerdings auf jede Unternehmensbeteiligung beziehungsweise Teilhaberschaft aus den bereits erwähnten Gründen.

In der Stichprobe waren denn auch nur sehr wenige Gesellschaften enthalten. Fast ausschließlich große Unternehmen hatten die Rechtsform einer Kapitalgesellschaft, dazu kamen noch einige Betriebsaufspaltungen im mittleren Bereich.

1) Vgl. Oelschläger, K.: Das Finanzierungsverhalten in der Klein- und Mittelindustrie, Köln 1971, S. 40

2) Vgl. Heinrich, a.a.O., S. 275

3) Vgl. Fischer, O.: Die Finanzierungsarten I und II, in: WiSo, 3. Jg. 1974, S. 359

4) Vgl. Jahresbericht...Bundeskreditgarantiegemeinschaften, S. 17

Entgegen früheren Untersuchungen[1] hat im Handwerk aber eine wesentlich höhere Fremdkapitalquote Platz gegriffen. Belegt wird dies durch hohe Verschuldungsgrade beziehungsweise einer entsprechend niedrigen Liquiditätshaltung, die zugleich verbunden ist mit Nettoverschuldung (vgl. Punkt 3.2.).

Die für das Handwerk wichtigste Fremdfinanzierungsquelle ist das langfristige Darlehen. Insbesondere bei Betrachtung der Anlagendeckung II, in Verbindung mit der Working Capital Ratio wird deutlich, daß vor allem langfristiges Fremdkapital zur Finanzierung des Anlagevermögens und eines Teiles des Umlaufvermögens Verwendung findet (vgl. Punkt 3.2.).

Aber auch der kurzfristige Kontokorrentkredit stellt eine wichtige Fremdfinanzierungsquelle für das Handwerk dar. 66 Prozent aller befragten Unternehmen nahmen zur Liquiditätssicherung verstärkt Kontokorrentkredite in Anspruch (vgl. Tabelle 30).

Wie bereits ausgeführt, stellen die Sparkassen und die Genossenschaftsbanken den weitaus größten Teil der Darlehen beziehungsweise Kredite zur Verfügung. Interessant ist in diesem Zusammenhang, inwieweit die Verschuldung bei den Banken für die Betriebe ein Nachteil ist.

Dazu ist zu klären, ob die Betriebe Schwierigkeiten bei der Genehmigung von Darlehens- beziehungsweise -kreditanträgen hatten und ob sie sich bei ihren Hausbanken gut beraten fühlten.

Gut die Hälfte der Unternehmen gab an, daß sie mit ihrer Hausbank zufrieden sei; nur 7,3 Prozent der Betriebe fühlten sich nicht gut beraten. 35 Prozent meinten, es könnte besser sein.

1) Vgl. Heinrich, a.a.O., S. 121

Tabelle 19:

Beratung der Hausbank
Frage 18

Beurteilung	Anzahl der Betriebe	Anteil in %
Zufrieden	164	56,94
Könnte besser sein	103	35,76
Nicht zufrieden	21	7,29
antwortende Betriebe insgesamt	288	100,00

Dem genossenschaftlichen Bereich, also Genossenschaftsbanken, Raiffeisenbanken und Volksbanken, waren dabei knapp 31 Prozent der befragten Unternehmen, dem Sparkassenbereich annähernd 28 Prozent zuzuordnen. Mehrfachnennungen betrugen 29,5 Prozent, Großbanken, Private Banken oder Post/sonstige waren dagegen insgesamt nur mit 11,8 Prozent vertreten.

Tabelle 20:

Bankengruppe der Hausbank
Frage 17

Ausprägung	Anzahl der Betriebe	Anteil in %
Sparkasse	80	27,78
Genossenschaft, Raiffeisen, Volksbk.	89	30,90
Großbank	14	4,86
Privatbank	18	6,25
Post/sonst.	2	0,69
Mehrfachnennungen	85	29,51
antwortende Betriebe	288	100,00

Eine nähere Analyse der Daten zeigte, daß naturgemäß solche Unternehmen, die bereits Schwierigkeiten bei der Darlehensgewährung hatten, mit ihren Hausbanken eher unzufrieden waren.[1] Dabei ist bemerkenswert, daß insbesondere die Betriebe, die mehrere Bankverbindungen (27 Prozent) hatten, eine bessere Beratung wünschten. Nahezu 70 Prozent dieser Betriebe hatten schon mit öffentlichen Finanzierungshilfen investiert. Inwieweit die Erfahrung greift, daß Betriebe mit zahlreichen Bankverbindungen diese oft nur wegen des Liquiditätsvorteils halten, muß dahingestellt bleiben.

Tabelle 21:

Schwierigkeiten bei Kreditaufnahme
Frage 16

Ausprägung	Anzahl der Betriebe	Anteil in %
Ja, keine Darlehensgewährung	15	5,49
Ja, aber andere Sicherheiten	33	12,09
Nein	225	82,42
antwortende Betriebe insgesamt	273	100,00

Im Sparkassen- und Genossenschaftssektor herrschten beinahe die gleichen Verhältniszahlen. Gut die Hälfte der Kunden, die schon einmal Finanzierungsschwierigkeiten hatten, sagten auch, daß sie mit der Beratung nicht oder nicht ganz zufrieden seien. Demgegenüber standen die Unternehmen, die bisher keine Schwierigkeiten bei Darlehensgeschäften hatten. Sie waren größtenteils mit den Bankleistungen zufrieden.

1) Vgl. Mischon, C.: Zum Problem der Diskreminierung mittelständischer Betriebe, Göttingen 1980, S. 87

Eine Ausnahme bildeten nur die Großbanken. Insgesamt waren die Kunden wesentlich zufriedener mit den Bankleistungen, auch im Falle von Schwierigkeiten (3 Betriebe): 10 Unternehmen waren zufrieden, nur ein Kunde war unzufrieden.

In diesem Zusammenhang ist auch wichtig, daß über 61 Prozent der antwortenden Betriebe bereits einmal öffentliche Finanzierungshilfen genutzt hatten. Das Handwerk scheint also zum größten Teil gut über die Möglichkeiten der öffentlichen Finanzhilfen informiert zu sein.[1]

Tabelle 22:

Bisherige Nutzung öffentl. Hilfen
Frage 15

Ausprägung	Anzahl der Betriebe	Anteil in %
Ja	177	61.67
Nein	110	38.33
antwortende Betriebe insgesamt	287	100.00

1) Vgl. Klein-Blenkers, F.: Zur Verbesserung des Informationsstandes über leistungssteigernde Maßnahmen, Göttingen 1981, S. 148 ff.

2.3. Der Finanzmittelfluß

Der Finanzmittelfluß im Unternehmen wird im wesentlichen bestimmt durch die Finanzplanung und das Cash-Management.

Gerade hier sagt man dem Handwerk das "Fehlen einer klaren Finanzkonzeption"[1] nach. Nur selten erfülle das Rechnungswesen die Anforderungen, die von ihm als Führungs- und Kontrollinstrument erwartet werden kann.[2]

2.3.1. Die Geldwerdung der handwerklichen Leistung

Gemeinhin ist bekannt, daß Handwerksrechnungen oft jahrelang auf sich warten lassen. Die Handwerker wollen oder können sich oft nicht die Zeit nehmen, die Rechnungsgrundlagen zu bestimmen.

Man hilft sich, insbesondere im Baubereich, mit Abschlagszahlungen, die gemäß dem Arbeitsfortschritt und der Rechnungsmethode "Pi mal Daumen" erhoben werden.

Bei der Untersuchung stellte sich heraus, daß 81,3 Prozent aller Betriebe ihre Leistung innerhalb eines Monats verrechneten, 14,2 Prozent schrieben ihre Rechnungen innerhalb eines Vierteljahres und nur 4,5 Prozent brauchten bis zu einem Jahr oder länger.

1) Vgl. Heinrich, a.a.O., S. 296

2) ebenda

Tabelle 23:

Rechnungsstellung
Frage 23

Ausprägung	Anzahl der Betriebe	Anteil in %
1 Monat	218	81.34
1/4 Jahr	38	14.18
1 Jahr	12	4.48
antwortende Betriebe insgesamt	268	100.00

Tabelle 24:

Abschlagszahlungen
Frage 24

Ausprägung	Anzahl der Betriebe	Anteil in %
Ja, häufig	69	26.44
Nein oder nur selten	192	73.56
antwortende Betriebe insgesamt	261	100.00

Wenn man bedenkt, daß ein erheblicher Teil der Handwerker (Nahrung, Gesundheit) Sofortkasse hat, könnte man aber eine erhebliche Verschiebung der Relationen nach Bereinigung dieser Sparten erwarten.

Auch nach Ausschalten der Betriebe mit Sofortkasse bleibt noch der große Anteil von 72 Prozent erhalten, der innerhalb eines Monats die Rechnung stellte. Davon wiederum verrechneten rund 23 Prozent vorab eine Abschlagszahlung.

Die Unternehmen mit vierteljährlicher Rechnungsstellung, das waren jetzt 17 Prozent, berechneten ebenfalls in der gleichen Häufigkeit Abschlagszahlungen. Etwa 5 Prozent der restlichen Betriebe brauchten bis zu einem Jahr oder länger mit der Verrechnung ihrer Leistung. Sie verlangten etwa zur Hälfte Abschlagszahlungen.

Das alte Vorurteil, daß die meisten Handwerker eine "schlampige", weil verspätete Rechnungsstellung hätten, trifft also nur in geringem Umfang zu.

Dies wird auch unterstützt durch die Aussage über die Büroorganisation der Betriebe. Die mittleren und größeren Betriebe ließen zu zwei Drittel ihre Büroarbeiten (gemeint sind hier Fakturierung, Personalwesen, Belegverwaltung, Kassenführung und ähnliches) durch Bürokräfte erledigen. Die großen Betriebe hatten nahezu ausschließlich Büropersonal eingesetzt. Nur die kleinsten Unternehmen erledigten ihre Büroarbeiten zum größten Teil selbst oder durch Familienangehörige. Sehr wenig Betriebe ließen die Büroarbeiten von anderen Stellen (zum Beispiel Bank, Steuerberater) erledigen.

Tabelle 25:

Büroarbeiten
Frage 22

Ausprägung	Anzahl der Betriebe	Anteil in %
Selbst	199	69,10
Bürokraft	81	28,12
Sonstige	8	2,78
antwortende Betriebe insgesamt	288	100,00

2.3.2. Liquiditätsanalyse und Maßnahmen der Sicherung

Eine erhebliche Anzahl von Unternehmen klagte dennoch über häufige oder gelegentliche Liquiditätsprobleme.

Tabelle 26:

Liquiditätsprobleme
Frage 25

Ausprägung	Anzahl der Betriebe	Anteil in %
Häufig	28	10,04
Manchmal	87	31,18
Nein	164	58,78
antwortende Betriebe insgesamt	279	100,00

Die Unternehmen mit Rechnungsstellung innerhalb eines Monats klagten am wenigsten über Liquiditätsprobleme. Hier hatten nur etwa 10 Prozent der Betriebe häufiger Schwierigkeiten. Bei den Unternehmen mit vierteljährlicher Rechnungsstellung hatten aber bereits 19 Prozent häufig und 49 Prozent manchmal Probleme. Von den Betrieben, die länger brauchten, bis sie ihre handwerkliche Leistung in Rechnung stellten, klagten zwei Drittel über Zahlungsschwierigkeiten.

Daraus ist aber auch abzulesen, daß das grundsätzliche Problem des Liquiditätsmangels offenbar nicht aus hohen Forderungsbeständen abzuleiten ist, sondern in einer zeitlichen Verzögerung der Rechnungsstellung liegt (vgl. Ausführungen zum Liquiditätsgrad II).

Dies kommt auch zum Ausdruck in den Liquiditätsgraden der befragten Unternehmen.

Die Untersuchung ergab, daß ein Viertel der Unternehmen einen Liquiditätsgrad I unter 25 Prozent hatten, beinahe 13 Prozent unter 50 Prozent. Es gab dabei eine ziemlich gleichmäßige Verteilung über alle Betriebsgrößen. Ausgenommen waren die Kleinstunternehmen ohne Mitarbeiter, die regelmäßig eine hohe Liquidität vorwiesen.

Tabelle 27:

Liquidität I in %

Ausprägung	Anzahl der Betriebe	Anteil in %
0 bis 25	82	58.57
25 bis 50	14	10.0
50 bis 75	9	6.43
75 bis 100	11	7.85
100 bis 150	12	8.57
150 bis 200	6	4.29
> 200	6	4.29
antwortende Betriebe insgesamt	140	100

Die Unternehmen der mittleren und größeren Klassen hielten die Liquidität dagegen äußerst niedrig, was natürlich im Zusammenhang mit disponierbaren Kontokorrentkrediten gesehen werden muß, die Liquiditätsengpässe verhindern.

Tabelle 28:

Liquidität II in %

Ausprägung	Anzahl der Betriebe	Anteil in %
0 bis 25	35	24.65
25 bis 50	18	12.67
50 bis 100	37	26.06
100 bis 150	24	16.90
150 bis 200	11	7.75
200 bis 300	7	4.93
> 300	10	7.04
antwortende Betriebe insgesamt	142	100

Der Liquiditätsgrad II, der neben den flüssigen Mitteln die Forderungen erfaßt, gibt auch indirekt Auskunft über das Mahnwesen der Unternehmen. Ist er nämlich entscheidend höher als der Liquiditätsgrad I, wäre er unter Umständen ein Parameter dafür, daß in den Betrieben nur deshalb so wenig flüssige Mittel vorhanden sind, weil die Forderungen nicht eingetrieben werden.

Es zeigte sich bei der Analyse der Daten, daß rund 65 Prozent der befragten Unternehmen noch einen Liquiditätsgrad unter 100 Prozent hatten. Nahezu alle Unternehmen, die einen niedrigen Liquiditätsgrad I hatten, erreichten auch nach Hinzurechnen der Forderungen keine hohen Werte. Daraus kann abgeleitet werden, daß kein überhöhter Forderungsbestand bei der Mehrzahl der Unternehmen gegeben war. Wenn aber weder verspätete Rechnungstellung noch überhöhter Forderungsbestand zu Liquiditätsengpässen führt, bietet sich die These an, daß bei den Firmen mit Problemen unter Ausschaltung der vorgenannten Verzögerungen wohl in erster Linie eine falsche Finanzierung der langfristigen Verbindlichkeiten zutraf, das heißt, im Bestand der kurzfristigen Verbindlichkeiten sind auch Größen enthalten, die eigentlich langfristig zu finanzieren wären.

Tabelle 29:

Liquidität III in %

Ausprägung	Anzahl der Betriebe	Anteil in %
0 bis 50	26	18.31
50 bis 100	30	21.13
100 bis 150	28	19.72
150 bis 200	18	12.68
200 bis 300	15	10.56
300 bis 400	9	6.34
〉 400	16	11.26
antwortende Betriebe insgesamt	142	100

Beim Liquiditätsgrad III hielten nur noch 40 Prozent der antwortenden Unternehmen ihre Liquidität unter 100 Prozent, wobei dies Betriebe waren, die auch schon einen sehr niedrigen Liquiditätsgrad I und II hatten. Auch die Hinzurechnung der Vorräte brachte keine großen Veränderungen. Dies könnte möglicherweise auf eine gute Materialwirtschaft hindeuten.

Anders verhielten sich dagegen etwa 11 Prozent der Betriebe, die in ihren Vorräten hohe Liquiditätsreserven hatten (über 400 Prozent als Liquiditätsgrad III). Es handelte sich dabei ausschließlich um kleinere und mittlere Betriebe. Eine Begründung hierfür könnte sein, daß kleinere und mittlere Betriebe aus wettbewerbspolitischen Zwängen heraus oft ein entsprechend breit angelegtes Material- oder Warensortiment halten müssen und dabei auch den Lagerüberblick verlieren können. Andererseits sind die Einkaufspreise oft nach Abnahmemenge gestaffelt. Um hier kostengünstig einkaufen zu können, wird oft ein hoher Lagerbestand in Kauf genommen. Im Materialbestand ist allerdings Kapital gebunden, das dann als flüssige Mittel nicht mehr zur Verfügung steht. Interessant ist deshalb in diesem Zusammenhang die Klärung der Frage nach der Kapitalumschlagsdauer.

Bei den kleineren und mittleren Unternehmen ergab sich ein direkter Zusammenhang zwischen dem Kapitalumschlag und der Umlaufintensität. Je höher die Umlaufintensität war, desto schneller war der Kapitalumschlag. Bei den meisten Betrieben dieser Größenklassen fand der Kapitalumschlag innerhalb eines Jahres statt, zum großen Teil sogar innerhalb eines halben Jahres.

Dies scheint zunächst ein Widerspruch zu sein. Eine hohe Umlaufintensität besagt ja, daß ein erheblicher Umlaufkapitalbedarf besteht. In Verbindung mit Vorräten heißt das nichts anderes, als daß ein hoher Lagerbestand eine große Menge an Umlaufkapital bindet. Eine kurze Kapitalumschlagsdauer sagt aber, daß das eingesetzte Kapital über das Umsatzgeschehen rasch dem Unternehmen wieder zugeführt wird. Wenn aber die Vorräte das Kapital binden, kann es sich eigentlich nicht schnell umschlagen.

Bei den untersuchten Handwerksbetrieben mit niedrigem Liquiditätsgrad I und hohem Liquiditätsgrad III handelte es sich um Betriebe, die zwar eine hohe Lagerhaltung an Vorräten hatten, diese aber schnell in Geld umwandeln konnten. Deshalb war bei ihnen eine höhere Geldmittelhaltung nicht notwendig.

Tabelle 30:

Lückenschluß bei Liquiditätsproblemen
Frage 26

Ausprägung	Anzahl der Betriebe	Anteil in %
Kontokorrentkredit	74	66,07
Privateinlagen	9	8,04
Lieferantenkredit	12	10,71
Kontokorrent- und Lieferantenkredit	10	8,93
Mehrfachnennungen	7	6,25
antwortende Betriebe insgesamt	112	100,00

Es wurde bereits ausgeführt, daß die befragten Unternehmen als Maßnahme der Liquiditätssicherung und bei Liquiditätsengpässen in erster Linie Kontokorrentkredite nutzten. Daneben wurden zum weitaus geringeren Teil Lieferantenkredite in Anspruch genommen, wobei die größeren Unternehmen dieses Mittel der Liquiditätssicherung überhaupt nicht einsetzten. Nur die kleinsten Unternehmen füllten Engpässe mit Privateinlagen auf. Es zeigte sich aber, daß gerade diese Betriebe selten Liquiditätsprobleme haben. Ansonsten war das Kriterium der Zahlungsschwierigkeiten ohne größenspezifische Unterschiede.

2.3.3. Organisatorische Einflüsse aus dem Buchhaltungsbereich

Im allgemeinen steht dem Handwerk kein innerbetriebliches Buchhaltungssystem (das heißt kontenmäßige Erfassung der Belege, Anfertigen der Bilanzen und G + V - Rechnungen, betriebswirtschaftliche Auswertungen der Daten und so weiter) mit entsprechendem Know how zur Verfügung. Eine Ausnahme hiervon sind zum Teil die großen Handwerksunternehmen.

Gerade für den Geldmittelfluß ist es aber unerläßlich, eine ordnungsgemäße und möglichst aussagefähige Buchführung zu unterhalten.

Tabelle 31:

Buchhaltung
Frage 20

Ausprägung	Anzahl der Betriebe	Anteil in %
Selbst	142	49.31
Steuerberater	146	50.69
antwortende Betriebe insgesamt	288	100.00

Die Mehrzahl der Handwerksbetriebe half sich mit der Vergabe dieser Arbeiten an einen Steuerberater. Selbst bei den kleinsten Unternehmen mit Einnahmen-Überschuß-Rechnung ließen noch knapp 40 Prozent ihre Aufzeichnungen durch den Steuerberater erledigen. Bei den kleineren und mittleren Betrieben machte dieser Anteil sogar 56 Prozent aus. Je größer die Unternehmen waren, desto geringer wurde tendenziell der Steuerberateranteil. Er blieb dennoch etwa bei 43 Prozent.

Entgegen der Vergangenheit haben die Steuerberaterkunden aufgrund der modernen EDV-Technik mit den Computerpools (zum Beispiel DATEV) eine relativ kostengünstige und informationsstarke und dabei kontinuierliche Übersicht über den betriebswirtschaftlichen Stand ihrer Unternehmungen. Selbst kleine Handwerksbetriebe ohne betriebswirtschaftliches Management haben dadurch möglicherweise einen Überblick und die Chance auf Steuerung.

3. Betriebswirtschaftliche Kennziffern der Bilanz- und G + V - Analyse (vgl. Definition der verwendeten Kennziffern im Anhang)

Zur Interpretation der Kennziffern werden Vergleichswerte der Deutschen Bundesbank herangezogen.[1] Anhand ausgewählter Verhältniszahlen aus dem Verarbeitenden Gewerbe für Einzelunternehmen bis 5 Mio DM Umsatz können, wenn auch nur in bescheidenem Umfang, gewisse Rückschlüsse auf die Lage des Handwerks gezogen werden.

3.1. Die Vermögensanalyse nach Bilanzwerten

3.1.1. Vermögenskonstitution

Tabelle 32:

Vermögenskonstitution in %

Ausprägung	Anzahl der Betriebe	Anteil in %
0 bis 25	11	7.69
25 bis 50	19	13.28
50 bis 100	27	18.88
100 bis 150	16	11.19
150 bis 200	6	4.20
200 bis 300	15	10.50
> 300	49	34.26
antwortende Betriebe insgesamt	143	100

Insgesamt ergab sich eine durchschnittliche Vermögenskonstitution von über 175 Prozent. Dies ist ein erheblich höherer Wert als beim Verarbeitenden Gewerbe insgesamt, wo er nur bei knapp 100 Prozent liegt.[2]

1) Vgl. Verhältniszahlen ..., a.a.O.

2) Vgl. Verhältniszahlen ..., a.a.O., S. 13

Bei annähernd 40 Prozent der Betriebe lag eine Vermögenskonstitution von unter 100 Prozent vor. Insbesondere im Bau und Ausbau - Bereich besaßen kleinere Unternehmen ein geringes Anlagevermögen. Im handwerksähnlichen Bereich hielten die Betriebe, besonders die kleinen, vor allem ein größeres Umlaufvermögen.

Darstellung 16:

Vermögenskonstitution in %
in Größenklassen

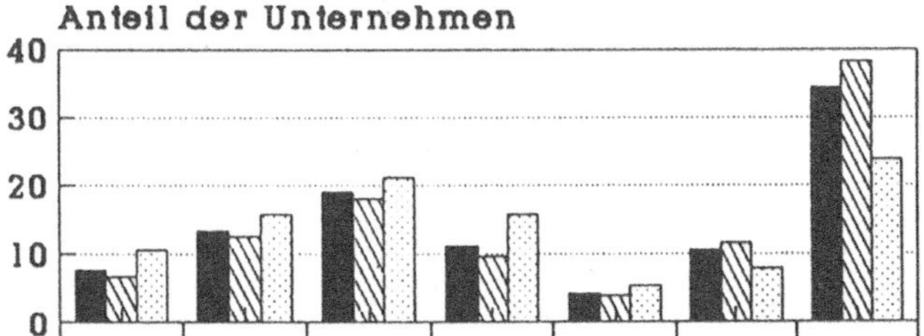

	0-25	25-50	50-100	100-150	150-200	200-300	)300
alle Unternehmen	7,7	13,3	18,9	11,1	4,2	10,5	34,3
kleine Unternehmen	6,7	12,4	18,1	9,5	3,8	11,4	38,1
größere Unternehmen	10,5	15,8	21	15,8	5,3	7,9	23,7

Vermögenskonstitution in %

alle Unternehmen — kleine Unternehmen — größere Unternehmen

n = 143 für alle Unternehmen
n = 105 für kleine Untern.
n = 38 für größere Unternehmen

Eine Begründung findet man darin, daß die kleinen Bau und Ausbau - Firmen und die handwerksähnlichen Betriebe keinen großen Anlagen- und Maschinenpark unterhalten.

Hohe Werte fielen vor allem für das Holz- und Nahrungsmittelhandwerk auf. Kleinere und mittlere Betriebe waren hier verstärkt vertreten. Diese Unternehmen sind sehr anlagenintensiv[1].

3.1.2. Anlagendeckung und Anlagenintensität

Tabelle 33:

Anlagendeckung I in %
Sachanlagen

Ausprägung	Anzahl der Betriebe	Anteil in %
0 bis 20	15	14 29
20 bis 40	13	12.38
40 bis 60	19	18.09
60 bis 80	11	10.48
80 und mehr	47	44.76
antwortende Betriebe insgesamt	105	100

zusätzl. 34 Betriebe mit negativem Wert wegen Minuskapital

Die durchschnittliche Anlagendeckung I betrug über 60 Prozent. Beim Verarbeitenden Gewerbe insgesamt herrscht dagegen ein sehr viel schlechterer Wert von durchschnittlich etwa 15 Prozent vor.[2]

1) Vgl. Heinrich, a.a.O., S. 47

1) Vgl. Verhältniszahlen ..., a.a.O., S. 13

Darstellung 17:

Anlagendeckung I in %
in Größenklassen

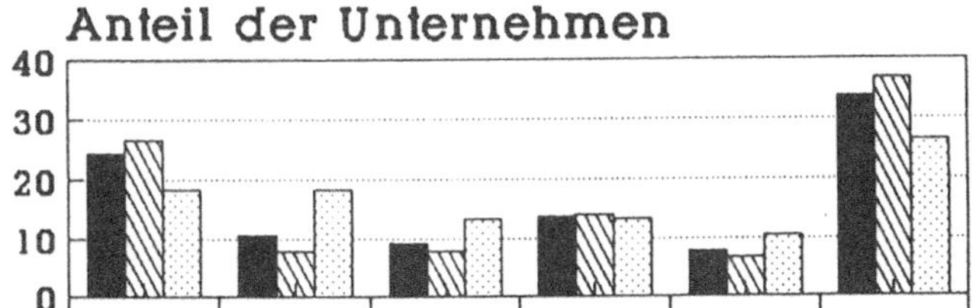

	Minus	0-20	20-40	40-60	60-80	>80
alle Unternehmen	24,4	10,8	9,4	13,7	7,9	33,8
kleine Unternehmen	26,7	7,9	7,9	13,9	6,9	36,7
größere Unternehmen	18,4	18,4	13,2	13,2	10,5	26,3

Anlagendeckung I in %

alle Unternehmen; kleine Unternehmen; größere Unternehmen

n = 139 für alle Unternehmen
n = 101 für kleine Unternehmen
n = 38 für größere Unternehmen

Es fiel auf, daß 33,8 Prozent der befragten Unternehmen eine gute Anlagendeckung I von bis zu 100 Prozent aufwiesen. Vor allem kleine Metall- und mittlere Holzbetriebe hatten ihr Anlagevermögen nahezu mit Eigenkapital finanziert.

Auch die kleinen Nahrungsmittelbetriebe hatten eine gute Anlagendeckung I. Dies überrascht ein wenig vor der Tatsache, daß besonders im Nahrungsmittelbereich eine mangelhafte Eigenkapitalsituation beklagt wird.

Eine besonders geringe Anlagendeckung I von unter 20 Prozent wiesen 10,8 Prozent der Betriebe aus. Hierbei handelte es sich um große Bauhandwerker. Die kleinen und mittleren Baubetriebe hatten dagegen eine gute Anlagendeckung I.

Bei den handwerksähnlichen Betrieben hatten die kleinen und mittleren Betriebe hohe Anlagendeckungsgrade. Hier dürfte sich das Übergewicht des Umlaufvermögens bemerkbar machen.

Tabelle 34:

Anlagendeckung II in %
Sachanlagen

Ausprägung	Anzahl der Betriebe	Anteil in %
0 bis 25	2	1.46
25 bis 50	4	2.92
50 bis 100	27	19.71
100 bis 150	46	33.57
150 bis 200	19	13.87
200 bis 300	20	14.60
300 bis 500	8	5.84
> 500	11	8.03
Betriebe insgesamt	137	100

zusätzl. 1 Betrieb mit negativem Wert wegen Minuskapital

Es ergab sich eine durchschnittliche Anlagendeckung II von über 190 Prozent. Beim Verarbeitenden Gewerbe insgesamt lag dieser Wert nur bei knapp 100 Prozent.

Darstellung 18:

Anlagendeckung II in %
in Größenklassen

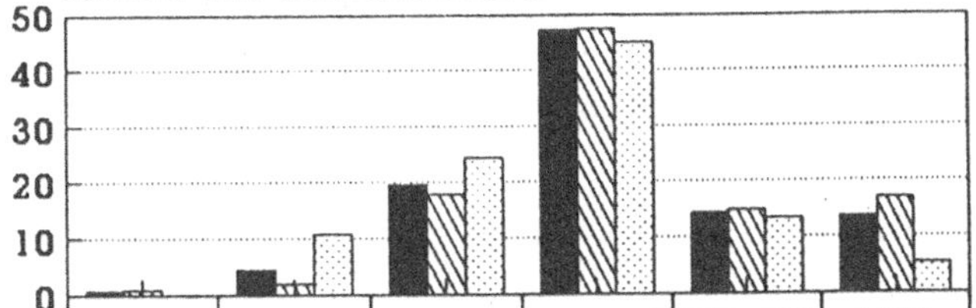

	Minus	0-50	50-100	100-200	200-300	>300
alle Unternehmen	0,7	4,3	19,6	47,1	14,5	13,8
kleine Unternehmen	1	2	17,8	47,5	14,9	16,8
größere Unternehmen	0	10,8	24,3	45	13,5	5,4

Anlagendeckung II in %

alle Unternehmen · kleine Unternehmen · größere Unternehmen

n = 138 für alle Unternehmen
n = 101 für kleine Unternehmen
n = 37 für größere Unternehmen

Die Anzahl an Unternehmen mit schlechten Deckungsgraden sank unter Berücksichtigung der langfristigen Fremdmittel merklich ab.

Am stärksten war der Bereich zwischen 100 und 200 Prozent besetzt. 47 Prozent der Unternehmen hatten damit ihre Anlagevermögen richtig finanziert. Eine Reihe von Betrieben hatte jedoch noch weit höhere Werte. Etwa 14 Prozent der Unternehmen lagen über 500 Prozent Deckung. Das waren vor allem kleinere und mittlere Nahrungsmittelbetriebe und Handwerksähnliche Gewerbe. Insgesamt ist dies positiv zu bewerten, da ein erheblicher Teil des Umlaufvermögens auch mit langfristigem Fremdkapital finanziert wird. Auskunft hierüber gibt der Working Capital Ratio. Nahezu die Hälfte aller befragten Unternehmen hatte hier günstige, teilweise sogar sehr hohe Ergebnisse.

Mittlere Baufirmen und Metallbetriebe wiesen verstärkt Werte über 200 Prozent aus. Kleinere Nahrungsmittelbetriebe hatten sogar Werte über 500 Prozent.

Es zeigte sich, daß in diesen Branchen die niedrigen Eigenkapitalquoten negativ zum Working Capital Ratio korreliert waren. Dies bedeutet, daß die betreffenden Eigenkapitalmängel mit dem Einsatz von langfristigem Fremdkapital kompensiert werden.

Die Anlagenintensität der befragten Unternehmen zeigte im allgemeinen ähnliche Werte wie die Sachanlagenintensität.

In der Regel sind im Handwerk keine besonderen Finanzanlagen oder andere aktivierte Anlagen (zum Beispiel Firmen-Good will, Lizensen, Patente) vorhanden. Daher deckt sich Anlage- und Sachanlagevermögen nahezu.

Tabelle 35:

Anlagenintensität in %

Ausprägung	Anzahl der Betriebe	Anteil in %
0 bis 20	15	10.49
20 bis 40	28	19.58
40 bis 60	35	24.47
60 bis 80	30	20.98
80 bis 100	35	24.48
antwortende Betriebe insgesamt	143	100

Es ergab sich insgesamt eine durchschnittliche Anlagenintensität von etwa 55 Prozent, was auch dem Durchschnitt im Verarbeitenden Gewerbe entspricht.[1]

Ein Teil der großen Baufirmen und ein Metallbetrieb hatte jedoch eine negative Korrelation von hohem Anlagevermögen und sehr niedrigem Sachanlagevermögen. Hier wirken sich wohl Patente oder derivative Firmenwerte aus.

Vor allem kleinere und mittlere Unternehmen der Baubranche hatten sowohl niedrige Anlagen- als auch Sachanlagenintensitäten. Bei den größeren Betrieben verhielt es sich genau umgekehrt.

1) Vgl. Verhältniszahlen ..., a.a.O., S. 13

Vor allem im Holzbereich waren vermehrt hohe Anlagen- und Sachanlagenintensitäten zu beobachten.

Im Nahrungsmittelhandwerk waren jedoch die zahlen- und wertmäßig höchsten Anlagen- und Sachanlagenintensitäten zu verzeichnen, besonders im mittleren Bereich.

3.1.3. Umsatzbezogene Sachanlagenintensität und Vorratsintensität

Um festzustellen, wieviel Einsatz an Sachanlagevermögen oder Vorratsvermögen für die Erstellung des Umsatzes erforderlich ist, setzt man die genannten Größen zueinander in Beziehung.

Tabelle 36:

Sachanlagenintensität in %
umsatzbezogen

Ausprägung	Anzahl der Betriebe	Anteil in %
0 bis 10	30	21.28
10 bis 20	29	20.57
20 bis 30	26	18.44
30 bis 40	17	12.06
40 bis 50	9	6.38
50 bis 100	21	14.89
> 100	9	6.38
antwortende Betriebe insgesamt	141	100

Die umsatzbezogene Sachanlagenintensität der untersuchten Betriebe lag im Durchschnitt bei 33 Prozent. Im Vergleich zum Verarbeitenden Gewerbe, wo der Wert bei etwa 30 Prozent lag[1], waren also auch im Handwerk tendenziell etwa gleiche Werte feststellbar.

Es lag insgesamt eine relativ gleichmäßige Verteilung über alle Größenklassen vor. Dies ist mit der breiten Palette von verschiedenen Gewerken und Produktionsverfahren bis hin zur Verschiedenheit der Umsatzgrößen zu erklären.

Darstellung 19:

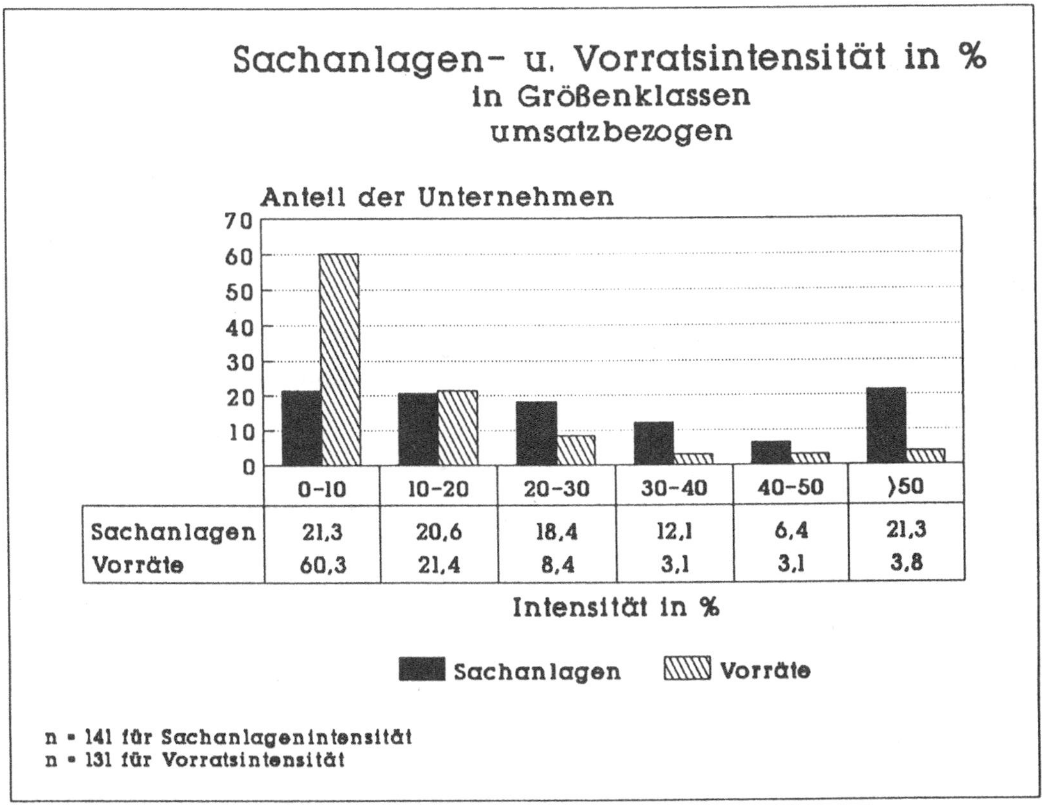

1) Vgl. Verhältniszahlen ..., a.a.O., S. 13

Die umsatzbezogene Vorratsintensität spiegelt den Nutzungsgrad des Vorratsvermögens wider. Je kleiner die Kennzahl ist, desto intensiver ist die Nutzung. Sie ist auch ein Kriterium zur Beurteilung der Angemessenheit des Bestandes.

Tabelle 37:

Vorratsintensität in %
umsatzbezogen

Ausprägung	Anzahl der Betriebe	Anteil in %
0 bis 10	79	60.31
10 bis 20	28	21.37
20 bis 30	11	8.40
30 bis 40	4	3.05
40 bis 50	4	3.05
) 50	5	3.82
antwortende Betriebe insgesamt	131	100

Es ergab sich bei den befragten Unternehmen eine durchschnittliche Vorratsintensität von über 13 Prozent. Das Verarbeitende Gewerbe insgesamt hat einen geringfügig höheren Wert von knapp 15 Prozent.[1]

1) Vgl. Verhältniszahlen ..., a.a.O., S. 13

3.1.4. Die Umlaufintensität

Tabelle 38:

Umlaufintensität in %

Ausprägung	Anzahl der Betriebe	Anteil in %
0 bis 10	17	11.89
10 bis 20	24	16.78
20 bis 30	25	17.48
30 bis 50	28	19.58
50 bis 70	26	18.18
> 70	23	16.09
antwortende Betriebe insgesamt	143	100

Es ergab sich für die Umlaufintensität der befragten Unternehmen ein Durchschnittswert von über 32 Prozent. Beim Verarbeitenden Gewerbe hingegen lag ein Wert von annähernd 50 Prozent vor.

Der doch gravierende Unterschied ergibt sich aus der Heterogenität im Handwerk. Sparten wie Nahrung, Gesundheit und Handwerksähnliche Gewerbe sind im allgemeinen nicht in den Verhältniszahlen der Deutschen Bundesbank enthalten.

Sehr niedrige Werte ergaben sich bei den Nahrungsmittelbetrieben mit zum größten Teil unter 20 Prozent. Dies liegt an der niedrigen Vorratshaltung, der Sofortkasse und dem dadurch bedingten geringen Umlaufvermögen, denn weder Forderungen noch eine besondere Liquiditätshaltung wirken sich aus.

Auch die Holzbetriebe hatten meist niedrige Werte. Hier ist aber von Bedeutung, daß aufgrund eines hohen Sachanlagevermögens der Anteil des Umlaufvermögens am Gesamtvermögen den geringeren Wert einnimmt.

Darstellung 20:

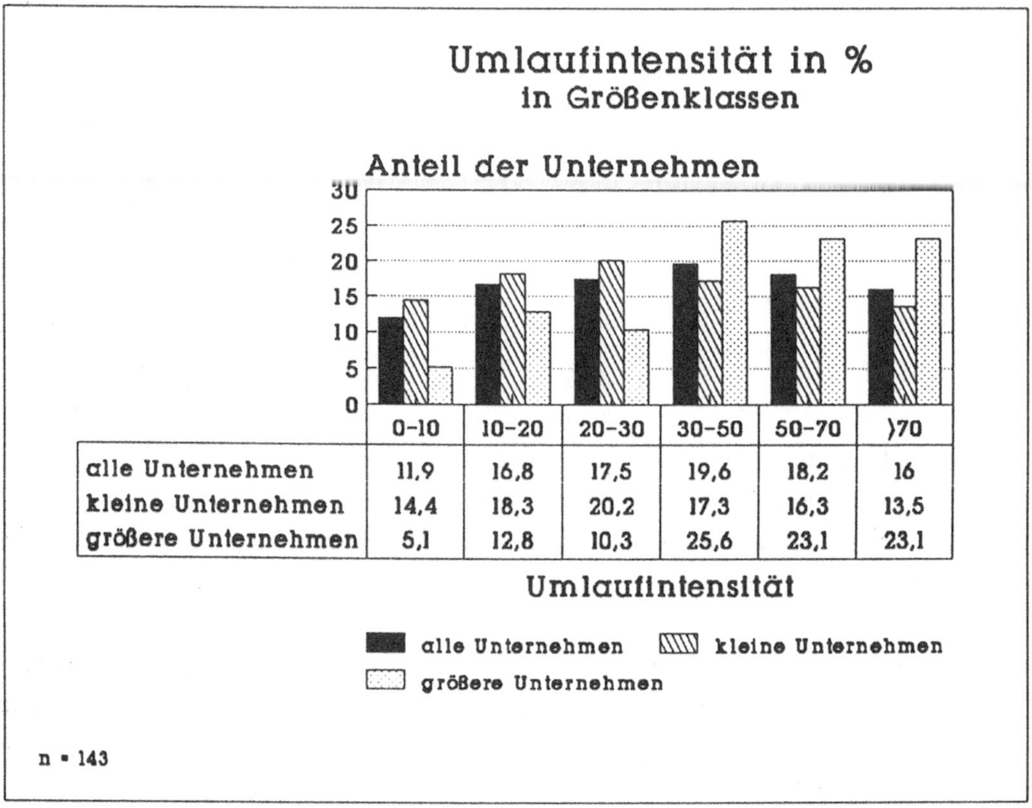

	0-10	10-20	20-30	30-50	50-70	>70
alle Unternehmen	11,9	16,8	17,5	19,6	18,2	16
kleine Unternehmen	14,4	18,3	20,2	17,3	16,3	13,5
größere Unternehmen	5,1	12,8	10,3	25,6	23,1	23,1

Im Baubereich hatten die kleineren Firmen vermehrt eine höhere Umlaufintensität. Ein Teil der großen Betriebe hatte einen Wert unter 20 Prozent.

Im Metallhandwerk waren bei den größeren Betrieben eher höhere Umlaufintensitäten, mit teilweise über 70 Prozent, enthalten.

Die Handwerksähnlichen Gewerbe hatten insgesamt überdurchschnittliche Werte. Nur etwa 13 Prozent der Betriebe hatten dagegen eine geringe Umlaufintensität.

3.2. Verschuldungsgrad und Nettoverschuldung

Der Verschuldungsgrad gibt Aufschluß über die Finanzierungsverhältnisse der Unternehmen. Gemessen wurde der statische und dynamische Verschuldungsgrad. Bei den einzelnen Sparten ergaben sich doch große Unterschiede.

Statischer Verschuldungsgrad:

Tabelle 39:

Statischer Verschuldungsgrad
in %

Ausprägung	Anzahl der Betriebe	Anteil in %
0 bis 25	8	7,55
25 bis 50	14	13,20
50 bis 100	11	10,38
100 bis 200	23	21,70
200 bis 300	9	8,49
300 bis 500	17	16,04
500 bis 750	8	7,55
> 750	16	15,09
Betriebe insgesamt	106	100

zusätzl. 34 Betriebe mit negativem Wert wegen Minuskapital

Darstellung 21:

Statischer Verschuldungsgrad in %
in Größenklassen

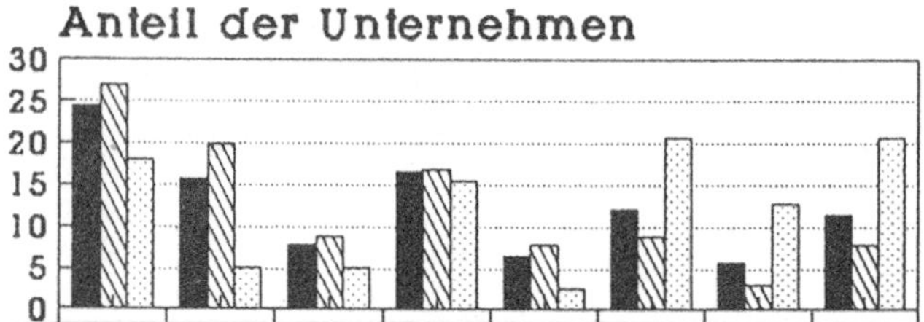

	Minus	0-50	bis100	bis200	bis300	bis500	bis750	>750
alle Unternehmen	24,29	15,71	7,86	16,43	6,43	12,14	5,71	11,43
kleine Unternehmen	26,83	19,8	8,91	16,83	7,92	8,91	2,98	7,92
größere Unternehmen	17,95	5,13	5,13	15,38	2,56	20,51	12,82	20,52

Verschuldungsgrad in %

alle Unternehmen — kleine Unternehmen — größere Unternehmen

n = 140 für alle Unternehmen
n = 101 für kleine Unternehmen
n = 39 für größere Unternehmen

Es ergab sich ein durchschnittlicher statischer Verschuldungsgrad von mehr als 290 Prozent. Im Verarbeitenden Gewerbe ist dieser Wert um ein Vielfaches höher. Er lag bei annähernd 1200 Prozent.[1]

1) Vgl. Verhältniszahlen ..., a.a.O., S. 13

Hier zeigt sich besonders deutlich, daß das Handwerk weit besser mit Eigenmitteln ausgestattet ist als das Verarbeitende Gewerbe insgesamt.

Während im Baubereich die kleinen Unternehmen recht geringe Verschuldungsgrade unter 50 Prozent auswiesen, war die Tendenz eindeutig feststellbar, daß je größer die Unternehmen waren, desto größer war der Verschuldungsgrad.

Im Metallbereich gab es bei der Mehrzahl der mittleren Unternehmen hohe Verschuldungsgrade, während die kleinen und die großen Unternehmen niedrigere Werte auswiesen. Insgesamt war das Metallhandwerk aber über alle Unternehmensgrößen relativ stark verschuldet. Eine Ausnahme bildeten nur die kleinsten Betriebe.

Im Nahrungsmittelhandwerk herrschte durchschnittlich gesehen ein starker Verschuldungsgrad vor. Auch hier hoben sich die kleinsten Betriebe positiv ab.

Das Handwerksähnliche Gewerbe verschuldete sich mit zunehmendem Personalbestand in steigendem Maß.

Entsprechend den bisherigen Ausführungen, bei denen die Tatsache des Minuskapitals bei einer großen Anzahl von Betrieben aufgedeckt wurde, ist es keine Überraschung, daß insgesamt fast 52 Prozent der Betriebe mehr Fremdmittel einsetzen als Eigenmittel.

Der dynamische Verschuldungsgrad:

Tabelle 40:

Dynamischer Verschuldungsgrad
in %

Ausprägung	Anzahl der Betriebe	Anteil in %
0 bis 50	12	8.76
50 bis 100	15	10.95
100 bis 200	21	15.33
200 bis 300	20	14.59
300 bis 500	16	11.68
500 bis 750	15	10.95
750 bis 1000	15	10.95
> 1000	23	16.79
Betriebe insgesamt	137	100

zusätzl. 4 Betriebe mit Minuswert wegen negativem Cash flow

Eine viel bessere Aussage über die Finanzierungskraft der Unternehmen gewinnt man aus dem dynamischen Verschuldungsgrad. Er bezieht den Cash flow in die Betrachtung ein. Als Erkenntnis wird die Definition des Zeitraums gewonnen, nach welchem das Unternehmen seine Schulden aus dem Cash flow, also aus eigener Kraft, getilgt hat.

Bei der Untersuchung ergaben sich einige bemerkenswerte Aussagen. Beinahe 20 Prozent der Betriebe könnten sich kurzfristig innerhalb eines Jahres entschulden. Mittelfristig, das heißt innerhalb 5 Jahren gelänge dies etwa 40 Prozent. Doch ungefähr ein Sechstel der befragten Unternehmen wäre nur langfristig über 10 Jahre entschuldungsfähig.

Darstellung 22:

Dynamischer Verschuldungsgrad in
in Größenklassen

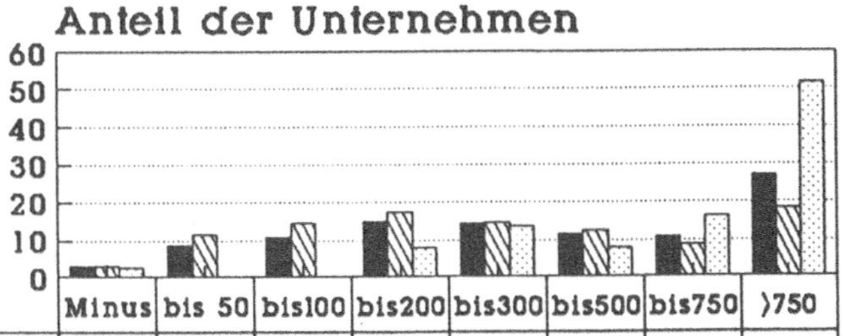

	Minus	bis 50	bis100	bis200	bis300	bis500	bis750	>750
alle Unternehmen	2,84	8,51	10,64	14,89	14,18	11,35	10,64	26,95
kleine Unternehmen	2,88	11,54	14,42	17,31	14,42	12,5	8,66	18,27
größere Unternehmen	2,7	0	0	8,11	13,51	8,11	16,22	51,35

Verschuldungsgrad in %

alle Unternehmen | kleine Unternehmen | größere Unternehmen

n = 141 für alle Unternehmen
n = 104 für kleine Unternehmen
n = 37 für größere Unternehmen

Die Nettoverschuldung:

Wie bereits bei der Liquiditätsanalyse dargestellt, lag beim weitaus größten Teil der Unternehmen Nettoverschuldung vor. 85 Prozent der befragten Unternehmen hatten also mehr kurzfristige Fremdmittel im Einsatz als sie flüssige Mittel hielten.

3.3. Einbeziehung der Substanzwerte in die Vermögensstrukturanalyse

Ein sehr großer Anteil der Handwerksbetriebe hat neben dem bilanziellen Betriebsvermögen noch erhebliche stille Reserven. Das basiert in erster Linie auf Grundstücks- und Gebäudeeigentum, das entweder gar nicht oder nur zu einem Bruchteil seines Wertes in der Bilanz erfaßt ist.

3.3.1. Eigenkapitalquote nach Substanz- beziehungsweise Bilanzwerten

Tabelle 41:

Eigenkapitalquoten nach Substanzwerten
in %

Ausprägung	Anzahl der Betriebe	Anteil in %
0 bis 10	2	2,86
10 bis 20	4	5,71
20 bis 30	4	5,71
30 bis 40	3	4,29
40 bis 50	13	18,57
50 bis 60	7	10,00
60 bis 80	13	18,57
80 bis 100	24	34,29
Betriebe insgesamt	70	100

zusätzl. 9 Betriebe mit negativem Wert wegen Minuskapital

79 Betriebe machten Angaben

Die Substanzwerte wurden durch Abfrage bei den Unternehmen erfaßt. Sie gründen zum Teil auf subjektiven Wertangaben der Unternehmer und zum Teil auf amtlichen Daten, zum Beispiel Einheitswertbescheiden des Finanzamtes.

Durch diese teilweise subjektive Werterfassung kann nicht nachvollzogen werden, wie sich die angegebenen Werte zusammensetzen. Deshalb ist auch keine korrekt wissenschaftlich begründete Aussage möglich.

Über die Hälfte der Betriebe war zu Auskünften bereit, deshalb kann auf eine gewisse Repräsentativität geschlossen werden.

Die Resultate der Befragung bieten auf jeden Fall eine Hintergrundinformation, insbesondere für die eigentlich wahren, wenn auch vielleicht nicht durchsetzbaren, Firmenwerte.

Einbezogen in die Untersuchung wurden das gesamte Anlagevermögen und die Rückstellungen. Wesentliche Differenzen zwischen Bilanz- und Substanzwerten, also stille Reserven, gab es im unbeweglichen Anlagevermögen und bei der Geschäftsausstattung. Das substanzielle Umlaufvermögen war beinahe ausschließlich betragsgleich mit den bilanziellen Werten, weshalb es nicht in die Auswertung einbezogen wurde.

Unter Berücksichtigung der Substanzwerte verbesserte sich die durchschnittliche Eigenkapitalquote drastisch. "Minuskapital" hatten hier nur noch 12,9 Prozent der befragten Unternehmen, während es zunächst knapp 25 Prozent waren. Die Betriebe mit kleiner Eigenkapitalquote bis 10 Prozent nahmen um 87,5 Prozent ab. Bei den Quoten bis zu 50 Prozent fand insgesamt eine Verschiebung von 71 Prozent der Betriebe zum Besseren statt. Fast 55 Prozent aller Unternehmen hatte nun Eigenkapitalquoten über 50 Prozent.

Ganz deutlich wird hier, wie bedeutend die Aufnahme der Substanzwerte für die Betrachtung der Eigenkapitalsituation ist.

Es ergeben sich demnach erheblich veränderte Verschuldungsgrade und Vermögenskonstitutionen.

Die Einbeziehung der Substanzwerte ermöglicht ja auch den Banken eine hohe Beleihungsquote bei Darlehen. Sonst wäre wohl nicht zu erklären, weshalb Banken den Betrieben, die überhaupt kein Eigenkapital ausweisen, Kreditmittel einräumen. Nicht immer stehen solchen Betrieben Privatpersonen mit entsprechenden Sicherheiten als Risikoabdeckung für die Banken zur Verfügung. Die Banken kreditieren also auch stille Reverven, die ohne die Sicherheit der Offenlegung, zum Beispiel beim Verkauf eines Grundstückes, eigentlich nicht verbürgungsfähig wären.

3.3.2. Zusammenhang zwischen Abschreibung/Zuschreibung und Eigenkapital zu Bilanz- beziehungsweise Substanzwerten

Stille Reserven bilden sich für Gebäude, Maschinen und Fuhrpark vor allem durch vorgezogene Abschreibungen.

Hier ist die Absetzungsmöglichkeit nach dem ZonenRFG in die Untersuchung einzubeziehen, denn Abschreibungsquoten über 50 Prozent per anno sind in der Regel nur in Verbindung mit Sonderabschreibungen nach dem ZonenRFG zulässig.

Die Betriebe wurden dahingehend untersucht, ob eine Verbindung zwischen diesen hohen Abschreibungsquoten und der Differenz aus bilanziellem oder substanziellem Eigenkapital besteht.

Es stellte sich heraus, daß rund ein Viertel der Unternehmen mit solch hohen Abschreibungsquoten starke Differenzen zwischen beiden Eigenkapitalgrößen hatte, was zum Teil sicher auf die Abschreibungsmöglichkeiten nach dem ZonenRFG zurückzuführen ist.

Die hohen Absetzungen ergeben also ein erhebliches Reservepotential.

Zum größten Teil jedoch bilden sich die stillen Reserven aus Wertzuwächsen bei Grundstücken, die in der Regel ja nicht zuschreibungsfähig sind.

Hier ist zu beachten, daß der größte Teil der Handwerksbetriebe Eigentümer der Betriebsgebäude sind. Wie die Untersuchung zeigte, gibt es sehr viele alte Unternehmen im Erhebungsgebiet. Da sie vor langen Jahren Grund und Boden erwarben, ist dieser natürlich noch mit dem damaligen Preis aktiviert.

3.4. Analyse der G + V - Rechnung

Die vorliegenden verwertbaren 142 G + V - Rechnungen wurden größtenteils sorgfältig von den Unternehmen in die Fragebögen übertragen und konnten dadurch in die Untersuchung einfließen.

3.4.1. Jahresergebnis und Renditen

3.4.1.1. Die Ertragssituation der befragten Unternehmen

Tabelle 42:

Bilanzergebnis
Gewinn oder Verlust

Ausprägung	Anzahl der Betriebe	Anteil in %
Gewinn	139	92,05
Verlust	12	7,95
antwortende Betriebe insgesamt	151	100,00

92 Prozent der bilanzierenden Unternehmen schlossen das Geschäftsjahr mit Gewinn ab, nur 8 Prozent mit Verlust.

Besonders die Metallbranche war von den schlechten Ergebnissen betroffen. Vor allem ältere, mittlere Einzelunternehmen wiesen diese Verluste aus, fingen sie jedoch meist mit Eigenkapital ab. Andere Unternehmen rutschten jedoch noch tiefer in die roten Zahlen. Im Holzbereich waren keine Firmen mit Verlusten enthalten.

3.4.1.2. Die Eigenkapitalrendite

Tabelle 43:

Eigenkapitalrendite in % (Basis EK 1.1.)

Ausprägung	Anzahl der Betriebe	Anteil in %
0 bis 5	2	2.74
5 bis 7.5	1	1.37
7.5 bis 10	1	1.37
10 bis 15	3	4.11
15 bis 20	5	6.85
20 bis 25	10	13.70
25 bis 30	1	1.37
30 bis 35	6	8.22
35 bis 40	4	5.48
40 bis 50	7	9.60
50 bis 100	18	24.65
> 100	15	20.54
Betriebe insgesamt	73	100

zusätzl. 36 Betr. m.Minuswert wg. neg. EK/Verlust

Bezogen auf das Anfangskapital (1.1.) ergab sich bei den befragten Unternehmen eine durchschnittliche Eigenkapitalrendite von über 53 Prozent. Der Durchschnitt im vergleichbaren Verarbeitenden Gewerbe[1] lag dagegen weit höher, nämlich deutlich über 140 Prozent. Dies resultiert natürlich aus der dort vorliegenden extrem niedrigen Eigenmittelausstattung.

Bei den untersuchten Betrieben traten niedrige Eigenkapitalrenditen vor allem im Metallbereich auf, besonders bei mittleren Unternehmen, die ihre Umsätze aus Handels- und Handwerksleistungen erzielten. Hier war auch der höchste Anteil an negativen Jahresergebnissen zu finden.

Besonders hohe Renditen gab es im Holzhandwerk. Auch das Nahrungsmittelhandwerk hatte durchschnittlich ordentliche Renditen verdient.

1) Vgl. Verhältniszahlen ..., a.a.O., S. 13 (Vergleichsbasis "Gewinn vor Steuern")

Natürlich muß in diesem Zusammenhang auf den insgesamt verhältnismäßig niedrigen Eigenmitteleinsatz und das derzeit noch relativ günstige Zinsniveau hingewiesen werden, das den Fremdmitteleinsatz kostengünstig macht. Das Handwerk bedient sich also insgesamt derzeit verstärkt des Leverage-Effektes.

Da wesentlich mehr Betriebe (100) das Eigenkapital zum 31.12. auswiesen, wurde die EK-Rendite auch auf dieses Datum bezogen.

Tabelle 44:

Eigenkapitalrendite in % (Basis EK 31.12.)

Ausprägung	Anzahl der Betriebe	Anteil in %
0 bis 5	6	6,00
5 bis 7,5	2	2,00
7,5 bis 10	1	1,00
10 bis 15	8	8,00
15 bis 20	8	8,00
20 bis 25	6	6,00
25 bis 30	5	5,00
30 bis 35	10	10,00
35 bis 40	3	3,00
40 bis 50	7	7,00
50 bis 100	23	23,00
> 100	21	21,00
Betriebe insgesamt	100	100

zusätzl. 35 Betr. m.Minuswert wg. neg.EK/Verlust

Es ergab sich insgesamt eine andere Verteilung der Renditeklassen, doch im Durchschnitt war die Rendite beinahe gleich hoch.

Durchschnittliche Renditen von über 50 Prozent scheinen zunächst hoch. Doch muß im Handwerk mit seiner Vielzahl von Einzelunternehmen der "Unternehmerlohn" in dieser Rendite enthalten sein (vgl. Punkt 3.4.1.3.)

3.4.1.3. Die Auswirkung des Unternehmerlohnes

Die Handwerksbetriebe, die ja zum weitaus größten Teil Einzelbetriebe sind, haben keine Möglichkeit, ihr Einkommen als Kostenfaktor zu erfassen und in der G + V - Rechnung als "Unternehmerlohn" auszuweisen.

Die Unternehmerleistung wird allein durch den erzielten Gewinn abgegolten. Sie ist darüberhinaus auch äußerst schwierig zu bewerten, denn die Leistung eines Baumeisters mit einem großen Baubetrieb muß nicht automatisch vergleichbar sein mit der eines Schornsteinfegers. Auch das Ansetzen eines gewissen Prozentsatzes von der Umsatzleistung als Unternehmerlohn ist nicht zielgerichtet, weil umsatzstarke Unternehmen nicht auch gewinnstark sein müssen.

Wichtig ist hier die Erkenntnis, daß die ausgewiesenen Gewinne d e n Unternehmerlohn darstellen, ob er nun niedrig ist oder hoch, denn eben diesen "Lohn" hat sich der Unternehmer mit seinem Betrieb verdient.

Der Unternehmerlohn an sich hat also keine Auswirkung auf das Unternehmen. Er bietet daher auch keine Vergleichsmöglichkeit zwischen den Sparten.

3.4.1.4. Die Gesamtkapitalrendite

Das eigentliche Ergebnis, wie hoch sich das gesamte im Unternehmen eingesetzte Kapital verzinst hat, ist die Gesamtkapitalrendite.

Tabelle 45:

Gesamtkapitalrendite in %

Ausprägung	Anzahl der Betriebe	Anteil in %
0 bis 5	22	16.42
5 bis 10	24	17.91
10 bis 15	27	20.15
15 bis 20	11	8.21
20 bis 25	9	6.71
25 bis 30	90	6.71
30 bis 35	4	2.99
> 35	28	20.90
antwortende Betriebe insgesamt	134	100

zusätzl. 5 Betr. mit Minuswert wg. Verlust

Bei der Untersuchung war als Durchschnitt über alle Unternehmen eine Gesamtkapitalrendite von 17,4 Prozent feststellbar. Dieser Wert stand unter dem starken Einfluß der relativ hohen Verschuldung einer Vielzahl von Unternehmen. 44 Prozent aller Unternehmen rutschten sogar unter die 10 Prozent Rendite.

Beim Verarbeitenden Gewerbe insgesamt lag die durchschnittliche Gesamtkapitalrendite bei knapp 14 Prozent.[1]

Demnach konnte das Handwerk vergleichsweise weitaus bessere Renditen erzielen.

1) Vgl. Verhältniszahlen ... a.a.O., S. 13 (Vergleichsbasis "Gewinn vor Steuern" + "Zinsaufwendungen netto"

Der Baubereich erwies sich als am schwächsten. Hier hatte über die Hälfte der Unternehmen eine Rendite unter 10 Prozent. Besonders die größeren Unternehmen schlossen schlecht ab; sie lagen alle unter 10 Prozent. Nur die kleinsten Betriebe (immerhin 40 Prozent von ihnen) hatten verhältnismäßig hohe Renditen von über 30 Prozent erzielt.

Im Holzbereich waren insgesamt keine hohen Gesamtkapitalrenditen erwirtschaftet worden. Sowohl kleine als auch mittlere Betriebe lagen verstärkt unter dem Gesamtdurchschnitt.

Auch im Metallbereich waren über die Hälfte der befragten Firmen unter dem 10 Prozent-Wert. Wiederum die kleinsten Betriebe hatten aber gute Renditen.

Beim Nahrungsmittelhandwerk hatte ungefähr ein Drittel der Betriebe, insbesondere mittlerer Größe, schlechte Renditen erwirtschaftet. Auch hier waren aber die kleinen Firmen wesentlich besser.

Im Handwerksähnlichen Gewerbe waren dagegen verstärkt überdurchschnittliche Gesamtkapitalrenditen festzustellen.

3.4.1.5. Umsatzrendite und Return on Investment

Die Umsatzrendite gilt als Indikator für den Ertragsanteil am Umsatz, das heißt die Gewinnspanne im Absatzbereich.

Im Handwerk hat der Umsatz eine andere Dimension als im Handel. Er wird nämlich in erster Linie durch die Arbeitsleistung erstellt und hat im allgemeinen relativ wenig Warenanteil. Die Umsatzrendite spielt im Handwerksbereich eine große Rolle, weil in ihr der Unternehmerlohn zum Ausdruck kommt.

Bei geringeren Umsätzen, die ja beim Querschnitt des Handwerks vorhanden sind, muß die Umsatzrendite hoch sein, damit ein bestimmtes Einkommen für den Unternehmer übrig bleibt. Bei Warenumsätzen im Handel dagegen kann diese Umsatzrendite auch niedriger sein, denn sie multipliziert sich dann mit der höheren Absatzmenge.

Wie bereits ausgeführt, hatte nahezu die Hälfte der befragten Unternehmen Umsätze unter 500 TDM, weitere 37 Prozent erreichten bis zu 2 Mio. TDM. Nur 5 Prozent aller befragten Unternehmen setzten mehr als 5 Mio. DM um.

Tabelle 46:

Umsatzrendite in %

Ausprägung	Anzahl der Betriebe	Anteil in %
0 bis 2.5	26	18.84
2.5 bis 5	27	19.57
5 bis 7.5	20	14.49
7.5 bis 10	10	7.25
10 bis 15	19	13.77
15 bis 20	14	10.14
> 20	22	15.94
antwortende Betriebe insgesamt	138	100

Als durchschnittliche Umsatzrendite ergaben sich knappe 10 Prozent. Auch hier liegt das Handwerk eindeutig höher als das Verarbeitende Gewerbe insgesamt, das 6,5 Prozent erwirtschaftete.[1]

Im Baubereich war die Rendite der großen Betriebe ausgesprochen schlecht. Hier spielt aber das Bestehen der Kapitalgesellschaften eine entscheidende Rolle. Die kleineren und besonders die kleinsten Betriebe hatten dagegen gute Umsatzrenditen.

Auch im Metallbereich hatten alle größeren Unternehmen geringe Umsatzrenditen, auch die Personengesellschaften. Die kleineren Betriebe dagegen hatten gute Werte.

Im Holzhandwerk und im Nahrungsmittelhandwerk hatten besonders mittlere Unternehmen unterdurchschnittliche Umsatzrenditen.

Das Handwerksähnliche Gewerbe zeigte insgesamt überdurchschnittliche Werte.

Insgesamt bestätigt sich die Vermutung, daß insbesondere kleine Unternehmen hohe Umsatzrenditen haben, während sich bei den Kapitalgesellschaften sehr niedrige Werte ergeben. Dies ergab sich zum Teil aber auch für große Personengesellschaften. Es läßt sich die Tendenz erkennen, daß bei zunehmender Unternehmensgröße die Umsatzrenditen fallen.

Durch Verknüpfen der Umsatzrendite mit dem Kapitalumschlag erhält man den Return on Investment (ROI), mit dessen Hilfe man bis in die einzelnen Kostenbereiche aufstrukturieren kann und eine aufschlußreiche Rentabilitätsrechnung erreicht.

1) Vgl. Verhältniszahlen ..., a.a.O., S. 13

Interessant ist in diesem Zusammenhang, daß über 80 Prozent aller antwortenden Unternehmen ihr Kapital mindestens ein Mal im Jahr umschlagen.

Tabelle 47:

Return on Investment in %

Ausprägung	Anzahl der Betriebe	Anteil in %
0 bis 2,5	22	16,92
2,5 bis 5	14	10,77
5 bis 7,5	10	7,69
7,5 bis 10	12	9,23
10 bis 15	17	13,08
15 bis 20	10	7,69
> 20	45	34,62
antwortende Betriebe insgesamt	130	100
zusätzl. 10 Betriebe m. neg. Umsatzrendite		

Insgesamt ergeben sich für 55 Prozent der befragten Unternehmen ROI-Werte von mehr als 10 Prozent, 35 Prozent der Unternehmen erreichten sogar Werte über 20 Prozent, was zum größten Teil durch die kurze Kapitalumschlagsdauer bedingt ist.

Eine nähere sparten- und größenspezifische Untersuchung ist an dieser Stelle zu weitgreifend.

3.4.2. Die Personalintensität

Die Handwerksbetriebe werden vor allem durch eine personalintensive Leistungserstellung geprägt. Gerade im Handwerksbereich werden solche Arbeiten abgewickelt, die von Maschinen, auch Robotern, noch nicht oder nur zu einem unverhältnismäßigen Aufwand erledigt werden können.

Trotzdem hat sich auch im Produzierenden Handwerk eine neue maschinenbezogene Fertigungsform etabliert. In vielen Sparten haben tiefgreifende Strukturveränderungen zu einer immer weiteren Rationalisierung geführt.

Tabelle 48:

Personalintensität in %

Ausprägung	Anzahl der Betriebe	Anteil in %
0 bis 25	87	59.59
25 bis 40	36	24.66
40 bis 50	13	8.90
50 bis 60	7	4.79
60 bis 75	2	1.37
> 75	1	0.69
antwortende Betriebe insgesamt	146	100

Die durchschnittliche Personalintensität der befragten Unternehmen lag bei rund 25 Prozent, im Verarbeitenden Gewerbe bei 27,8 Prozent.[1]

1) Vgl. Verhältniszahlen..., a.a.O., S. 13

60 Prozent aller befragten Unternehmen fielen in diesen Wertebereich, etwa 33 Prozent der Betriebe wandten durchschnittlich bis zu 50 Prozent auf und nur 7 Prozent der Unternehmen hatten einen höheren Personalaufwand.

Besonders personalintensiv sind die Kapitalgesellschaften wegen der enthaltenen Geschäftsführergehälter.

Im Metallbereich überwogen eher niedrigere Werte. Im Nahrungsmittelhandwerk waren über zwei Drittel der Betriebe unter 25 Prozent. Hier zeigt sich deutlich der Maschineneinsatz (vgl. Anlagenintensität Punkt 3.1.2.).

3.4.3. Die Wertschöpfungsquote

Als Indikator für die Leistungsfähigkeit eines Handwerksbetriebes zeigt die Wertschöpfungsquote spartenübergreifend die eigentliche Betriebsleistung, also unter Abzug des Materialeinsatzes den Wert der handwerklichen Tätigkeit an.

Tabelle 49:

Wertschöpfungsquote in %

Ausprägung	Anzahl der Betriebe	Anteil in %
0 bis 25	14	9.40
25 bis 40	18	12.08
40 bis 50	32	21.48
50 bis 60	34	22.82
60 bis 75	22	14.76
> 75	29	19.46
antwortende Betriebe insgesamt	149	100

Die durchschnittliche Wertschöpfungsquote lag bei den befragten Unternehmen bei mehr als 50 Prozent. Im Verarbeitenden Gewerbe insgesamt liegen die Werte ähnlich, nämlich bei 53 Prozent.[1]

In den Bereichen Bau und Holz korrelierten die Größen Wertschöpfung und Personalintensität positiv, unabhängig von der Betriebsgröße.

Im Metallhandwerk waren die geringsten Wertschöpfungsquoten enthalten. Daraus folgt, daß hier eine besonders hohe Materialintensität gegeben ist.

Im Nahrungsmittelhandwerk fiel insgesamt eine hohe Wertschöpfungsquote auf, die jedoch zur Personalintensität negativ korreliert war, was wiederum ein Hinweis auf den hohen Maschineneinsatz bedeutet.

3.4.4. Der Cash flow

Der Cash flow als Meßinstrument der Selbstfinanzierungskraft besteht im vorliegenden Fall aus Gewinn und Abschreibungen, da die langfristigen Rückstellungen in Form von Pensionsrückstellungen (vgl. Punkt 5.2.2.) nur zu einem verschwindend kleinen Teil Bewegungen aufwiesen und somit nicht relevant waren für eine Durchschnittsermittlung.

Die Untersuchung zeigte, daß die Unternehmen die getätigten Abschreibungen im allgemeinen verdient hatten. Etwa 8 Prozent der befragten Unternehmen schrieben jedoch stärker ab und gelangten dadurch in die Verlustzone. Etwa die Hälfte dieser Betriebe befand sich im Zonenrandgebiet und hatte dadurch Sonderabschreibungsmöglichkeiten.

1) Vgl. Verhältniszahlen ..., a.a.O., S. 13

4. Die allgemeine Geschäftslage der befragten Unternehmen

Auch die Handwerkswirtschaft hatte Anteil an der allgemein positiven Wirtschaftslage der vergangenen Jahre.

Vor dem Hintergrund einer angekurbelten Konjunktur entwickelten sich Umsätze und Beschäftigung positiv, wobei die Insolvenzen deutlich zurückgingen.[1]

Die Einkommenssituation der Betriebe hat sich ebenfalls im Durchschnitt erheblich verbessert.[2]

Tabelle 50:

Geschäftslage 1988
Frage 8

Ausprägung	Anzahl der Betriebe	Anteil in %
Gut	105	37.10
Durschnittlich	144	50.88
Schlecht	34	12.01
antwortende Betriebe insgesamt	283	100.00

4.1. Die Beurteilung der Auftragslage

Die Untersuchung zeigte, daß die derzeitige Auftragslage bei rund 32 Prozent der Betriebe gut ist, über 56 Prozent gaben an, einen durchschnittlichen Auftragsbestand zu haben. 12 Prozent der Betriebe waren nicht zufrieden.

1) Vgl. Deutsche Handwerks Zeitung vom 04.08.89, S. 10

2) Vgl. Finanzamt Weiden: Über 11 Prozent mehr Steueraufkommen, in: Tageszeitung "Der Neue Tag" vom 24.02.89

Tabelle 51:

Auftragslage
Frage 10

Beurteilung	Anzahl der Betriebe	Anteil in %
Gut	90	31.69
Durchschnittlich	160	56.34
Schlecht	34	11.97
antwortende Betriebe insgesamt	284	100.00

Die Erwartungen für das Jahr 1989 waren insgesamt gut, rund ein Viertel der Unternehmen rechnete mit einer Umsatzsteigerung.

Tabelle 52:

Erwartungen für 1989
Frage 11

Beurteilung	Anzahl der Betriebe	Anteil in %
Steigerung	68	23,78
Durchschnitt	192	67,13
Rückgang	26	9,09
antwortende Betriebe insgesamt	286	100,00

Die Unternehmen mit schlechter Auftragslage und düsterer Zukunftserwartung waren zum größten Teil bei den Sparten Metall und Nahrung vertreten. Die positivsten Erwartungen hegte das Baugewerbe.

4.2. Relevanz von Konjunkturschwankungen und Schwarzarbeit

Tabelle 53:

Konjunkturschwankungen
Frage 9

Ausprägung	Anzahl der Betriebe	Anteil in %
Sehr betroffen	80	28.07
Unwesentlich	119	41.75
Nein	86	30.18
antwortende Betriebe insgesamt	285	100.00

Nur rund 28 Prozent der Betriebe bezeichneten sich als konjunkturanfällig, die anderen Betriebe waren nur unwesentlich oder gar nicht betroffen.

Tabelle 54:

Schwarzarbeit
Frage 12

Beurteilung	Anzahl der Betriebe	Anteil in %
fühlen sich geschädigt		
ja	125	43.25
nein	164	56.75
antwortende Betriebe insgesamt	289	100.00

Besonders stark klagten die Baubetriebe und hier besonders die jungen Unternehmen über die Auswirkungen der Konjunkturschwankungen und Schwarzarbeit. Bei den anderen Sparten waren nur junge Unternehmen störanfällig gegen diese Erscheinungen. Insgesamt scheint das Handwerk aber nicht besonders betroffen zu sein. Dies läßt sich damit erklären, daß sehr viele alteingesessene Betriebe ihren Kundenstamm haben. Außerdem darf man hier nicht den großen Anteil an handwerklichen Leistungen vergessen, die völlig oder doch zum größten Teil unabhängig von der Wirtschaftslage erbracht werden (zum Beispiel Nahrungsmittel, Friseurleistungen).

5. Die Investitionsneigung der befragten Unternehmen und ihre Finanzierung

Wie im Verarbeitenden Gewerbe insgesamt, war auch auf dem Handwerkssektor ein hohes Niveau für Investitionstätigkeit mit tendenzieller Steigerung zu beobachten.

Dabei wurden vor allem auf Ersatz-, Rationalisierung- und Erweiterungsinvestitionen Schwerpunkte gelegt.[1] Umweltinvestitionen spielten eine untergeordnete Rolle.

5.1. Die vorgesehene Investitionstätigkeit

Tabelle 55:

Investitionen
Frage 13

Ausprägung	Anzahl der Betriebe	Anteil in %
ja		61.81
Maschinen, Fuhrpark	84	
Gebäude	25	
sonstiges	15	
Maschinen, Fuhrpark, Gebäude	39	
Mehrfachnennungen	15	
nein	110	38.19
antwortende Betriebe	288	100.00

Von den befragten Unternehmen wollen über 60 Prozent in den nächsten drei Jahren investieren. Gut die Hälfte davon will nur in bewegliche Investitionsgüter, der Rest auch in Gebäude investieren.

1) Quelle: Verband der Vereine Creditreform

Es fiel auf, daß besonders die alten Unternehmen Maschinen und Fuhrpark anschaffen wollen, verstärkt das Bau und Ausbau - Handwerk und die Holzbetriebe.

Dabei ist insgesamt eine wesentlich stärkere Investitionsneigung im Gebiet außerhalb des Zonenrandes zu verzeichnen. Hier steht zu vermuten, daß längst überfällige Investitionen jetzt nachgeholt werden, nachdem ertragsstärkere Jahre die Eigenmitteldecke etwas nivelliert haben.

5.2. Die Finanzierung der Vorhaben

Es wurde bereits ausgeführt, daß in großem Maße öffentliche Finanzierungshilfen für die geplanten Investitionen Verwendung finden. Daneben bieten sich im Unternehmen aber auch andere Finanzierungsquellen wie zum Beispiel die Rücklagenbildung aus unversteuerten Gewinnen oder auch aus Pensionsrückstellungen.

Tabelle 56:

Finanzierung mit öffentl. Hilfen
Frage 14

Ausprägung	Anzahl der Betriebe	Anteil in %
Hauptsächlich	71	40,12
kleinerer Teil	48	27,12
kein Bedarf	30	16,95
Möglichkeit unbekannt	12	6,78
Antragsverfahren zu kompliziert	8	4,52
beides	8	4,52
antwortende Betriebe	177	100,00

5.2.1. Die Rücklagenbildung aus unversteuerten Gewinnen

Das ZonenRFG ermöglicht Steuerpflichtigen, die in einer gewerblichen Betriebsstätte im Zonenrand Investitionen vornehmen, im Hinblick auf wirtschaftliche Nachteile aus den besonderen Verhältnissen dieses Gebietes, Sonderabschreibungen vorzunehmen, bevor die Investitionen getätigt werden. Hierbei können für Anlagevermögensgegenstände bis zu 50 Prozent Abschreibungen vorgezogen werden.

Die sich auch daraus ergebende Steuerstundung und der Zinsvorteil sind Finanzierungsquellen, die im Handwerk, wie bereits ausgeführt wurde, eine besondere Bedeutung haben.

Trotzdem hatte der größte Teil der untersuchten Unternehmen keine Rücklagen gebildet. Lediglich größere Unternehmen nutzten verstärkt diese Möglichkeit.

5.2.2. Pensionsrückstellungen

Pensionsrückstellungen können bei großen Unternehmen eine sprudelnde Finanzierungsquelle sein, da die Rückstellung der Beträge bis zu ihrer einstigen Auszahlung als Kosten geltend gemacht werden und somit zur langfristigen Steuerstundung und dem sich daraus ergebenden Zinsvorteil führen.

Von den befragten Unternehmen bilden nur 6 Prozent Pensionsrückstellungen. Mithin ist dies keine typische, sondern eher eine ausnahmsweise Finanzierungsquelle für das Handwerk.[1] [2]

1) Vgl. Schreiber, R./Glaser, W.: Der Einfluß der Steuern und Sozialaufwände auf die Finanzierung im Kleinbetrieb, Berlin, S. 71

2) Vgl. hierzu auch Betriebsvergleiche 1975 - 1981 über den Umfang von Rückstellungen in Handwerksbetrieben des Bau- u. Ausbaugewerbes in Niedersachsen, durchgeführt vom Baugewerbe-Verband Niedersachsen

Dies verwundert weiter nicht. Der Gesetzgeber erlaubt die Bildung von Pensionsrückstellungen nur für Mitarbeiter. Für Unternehmenseigner ist diese Möglichkeit nicht gegeben.

Auf dem Umweg des Geschäftsführergesellschafters haben denn doch einige Kapitalgesellschaften Pensionsrückstellungen gebildet, doch ist kein Unternehmen in der Stichprobe enthalten, das hohe Pensionsrückstellungen gebildet hätte.[1]

6. Das Privatvermögen und die Altersvorsorge der befragten Unternehmen

Um einen Eindruck über die Stabilität und das Wachstum im Handwerk zu gewinnen, ist es unerläßlich, auch die private Vermögenslage der Unternehmer zu untersuchen.

Das Privatvermögen hat beim Einzelunternehmen eine wichtige Erhaltungsfunktion. Es ermöglicht dem Unternehmer den Betrieb auch dann weiterzuführen, wenn er überschuldet wäre.

Tabelle 57:

Privatvermögen
Frage 27

Ausprägungen	Anzahl der Betriebe	Anteil in %
Immobilien	107	37.94
Barvermögen	38	13.47
Immobilien u. Barvermögen	51	18.09
Nein	86	30.50
antwortende Betriebe insgesamt	282	100.00

1) Vgl. auch Krause, M.: Die Finanzierung mit Pensionsrückstellungen, in: Hahn, O.: Handbuch der Unternehmensfinanzierung, München 1971, S. 699 ff.

Rund 70 Prozent der befragten Unternehmen hatten außer ihrem betrieblichen Vermögen auch noch Privatvermögen. Knappe 38 Prozent hatten Immobilieneigentum und etwa 18 Prozent nannten sowohl Immobilien- als auch Barvermögen.

Es gab weder sparten- noch größenspezifische Unterschiede. Selbst der Betriebsbestand war kein Unterscheidungskriterium. Mit anderen Worten heißt das, daß im Querschnitt aller Handwerksgruppen und auch Betriebsgrößen und -beständen keine Häufungen festgestellt werden konnten. Die jungen Handwerker gehören demnach ebenso oft zu den Besitzenden wie die älteren Handwerksunternehmer.

Tabelle 58:

Altersversorgung
Frage 28

Ausprägung	Anzahl der Betriebe	Anteil in %
Altersvorsorge vorhanden	198	69.72
Nicht ausreichend	71	25.00
Keine	15	5.28
antwortende Betriebe insgesamt	284	100.00

Eine gesicherte zusätzliche Altersvorsorge hatten 70 Prozent der befragten Unternehmer. Ein Viertel der Befragten war jedoch der Ansicht, daß dies noch nicht ausreichend war. Nur 5 Prozent der befragten Handwerker hatten keine zusätzliche Altersversorgung getroffen, denn hier sollte der Betrieb die Altersversorgung sein. Es handelt sich hier überwiegend um alte Unternehmen, wobei Größenindifferenz besteht.

Insgesamt kann gesagt werden, daß der weitaus größte Teil der befragten Handwerker sowohl Privatvermögen als auch eine Altersvorsorge besitzt.

7. Nutzung vorhandener Beratungs-und Schulungsmöglichkeiten durch die befragten Unternehmen

Eine der wichtigsten Funktionen im Handwerk ist die Ausbildertätigkeit. 36 Prozent aller Lehrlinge in Deutschland werden nämlich vom Handwerk ausgebildet[1]. Dies geschieht in Zusammenarbeit mit den Handwerkskammern.

Aus diesem Grund scheint es wichtig, daß die handwerklichen Ausbilder selbst in den Betrieben durch Fortbildungsmaßnahmen beziehungsweise Beratungs- und Informationsgespräche mit den Überwachungsorganen der Ausbildung, den Handwerkskammern, in Verbindung bleiben. Aber auch vor dem Hintergrund des ständigen Entwicklungsprozesses aufgrund hochinnovativer Technologietransfers zwischen Industrie und Handwerk muß sich das Ausbilderpotential einer ständigen Weiterbildung unterziehen.[2] Die Kammern unterhalten für diesen Zweck Fachinstitute, die durch Vortragsreihen und Gesprächsvermittlung dem Handwerk den Einstieg in die modernen Technologien erleichtern sollen.

Außerhalb des fachlichen Bereiches bieten die handwerklichen Gewerbeförderungseinrichtungen Schulungen und Maßnahmen zur individuellen Beratung bei Finanzierungsfragen und Problemen des Rechnungswesens, Unternehmensgründungen und -erweiterungen und so weiter.

1) Vgl. Bundesministerium für Wirtschaft: Das Handwerk, a.a.O., S. 37

2) Vgl. Handelsblatt v. 10.9.87 (o. V.): Handwerk/Die technologische Weiterbildung für Prozeßinnovationen forcieren: Die Industriebetriebe fordern für Wartung und Kundendienst höhere Qualifikationen

Tabelle 59:

Schulungen, Beratungen
Frage 19

Ausprägung	Anzahl der Betriebe	Anteil in %
Regelmäßig	28	9.79
Manchmal	111	38.81
Nein	147	51.40
antwortende Betriebe insgesamt	286	100.00

Der größte Teil der befragten Unternehmen nützte die Beratungsmöglichkeiten der Handwerkskammer nicht. Nur knappe 10 Prozent der Betriebe erhielten eine regelmäßige Beratung. Die Frage, ob diese Unternehmen einen Wettbewerbsvorsprung vor ihren Kollegen haben, kann nicht eindeutig beantwortet werden, wenn auch die Vermutung nahe steht.

Abschnitt V

Zusammenfassung der Untersuchungsergebnisse und Beurteilung im Lichte der Mittelstandspolitik

1. Zusammenfassung der Untersuchungsergebnisse

Das Handwerk im Ostbayerischen Raum, für das stellvertretend die Betriebe der Stadt Weiden und des Landkreises Neustadt untersucht wurden, stellt insgesamt eine heterogene Masse dar. Aus diesem Grund sind auch die Ergebnisse der Untersuchung sehr differenziert.

Insgesamt hat das Handwerk eine wenig befriedigende Eigenkapitalsituation vorzuweisen, wenn auch ein deutlicher Vorsprung zum Verarbeitenden Gewerbe insgesamt besteht. Trotz guter Auftragslage und einer Verbesserung der Erträge zeigen sich bei einem großen Teil der Unternehmen hohe Verschuldungsgrade verbunden mit geringen Anlagendeckungen.

Demgegenüber steht jedoch, daß eine Großzahl der Betriebe einen erheblichen Anteil ihrer Gesamtvermögen mit langfristigen Fremdmitteln finanziert hat. Die "Bankenregel" wird in breitem Umfang erfüllt.

Die einzelnen Handwerksgruppen unterscheiden sich in den Resultaten. Die wichtigsten Erkenntnisse waren aus den unterschiedlichen Werten nach Betriebsgröße zu gewinnen.

Es zeigte sich in allen Sparten, daß die Werte tendenziell negativer wurden, je größer die Unternehmen waren.

Die kleineren Betriebe haben insgesamt eine bessere Eigenmittelausstattung. Dabei erzielen sie überdurchschnittliche Renditen und Wertschöpfungsquoten. Sie sind weniger störanfällig und leiden kaum unter Konjunkturschwankungen oder Schwarzarbeit. Es treten seltener Liquidiätsprobleme auf und häufig haben sich stille Reserven gebildet, wobei die Eigentümer der Unternehmen auch häufiger über Immobilien und eine gesicherte Altersversorgung verfügen.

Die größeren Betriebe haben häufiger hohe Verschuldungsgrade und verursachen durch zum Teil niedrige Eigenmittelquoten ein Herabsinken der durchschnittlichen EK-Quote im Gesamthandwerk. Eine Ausnahme hiervon bilden nur sehr große Betriebe, die befriedigende Eigenmittel ausweisen, aber nicht ohne weiteres dem Handwerk zugeordnet werden können.

Die erzielten Renditen bei den größeren Unternehmen sind zum größten Teil unterdurchschnittlich. Die Betriebe sind störanfälliger und, insbesondere im Bauhandwerk, vermehrt von Konjunkturschwankungen betroffen.

Es besteht in allen Sparten eine erhöhte Investitionsneigung, allerdings verstärkt im Gebiet außerhalb des Zonenrandes. Dabei gibt es keine größenspezifische Unterscheidung. Insgesamt war festzustellen, daß vor allem öffentliche Finanzierungshilfen in Anspruch genommen werden.

2. Trenddarstellung ausgewählter Kennziffern nach den größenspezifischen Kriterien "Mitarbeiter und Umsatz in Größenklassen"

Zur Verdeutlichung des Ergebnisses und zur Vergleichbarmachung mit anderen Untersuchungen wurden für ausgewählte Kennziffern Trenddarstellungen angelegt. Dabei wurden die Kriterien Mitarbeiter und Umsatz gemäß den durchschnittlichen Jahresleistungen pro Mitarbeiter[1] verknüpft, wobei im Bereich der kleinsten Unternehmen kleine Abweichungen hingenommen wurden.

Darstellung 23:

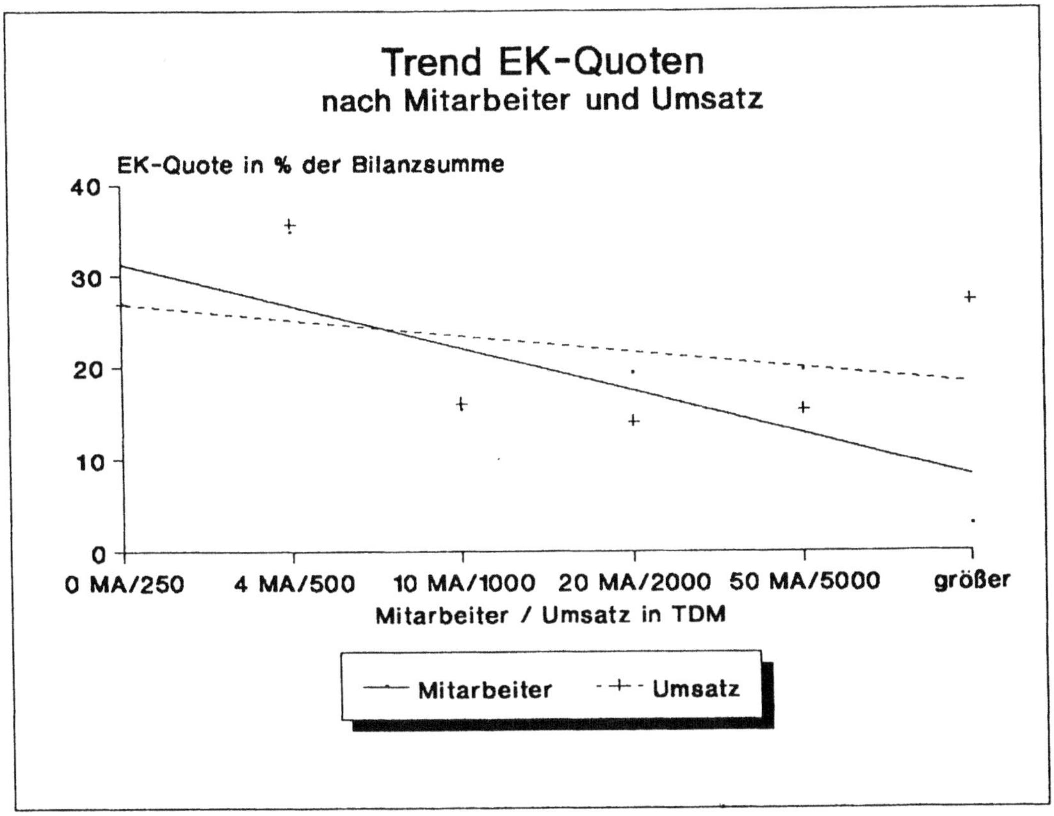

1) Vgl. Bundesministerium für Wirtschaft: Bericht über die Lage des Handwerks..., a.a.O., S. 13 ff.

Darstellung 24:

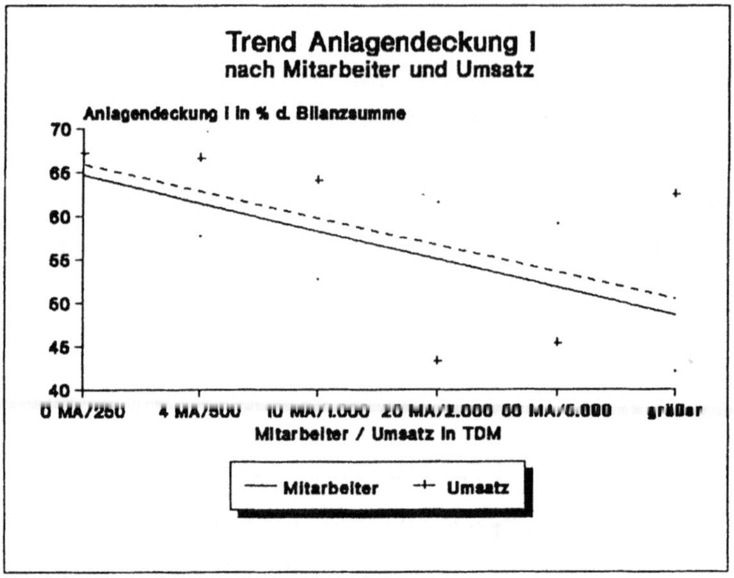

Darstellung 25:

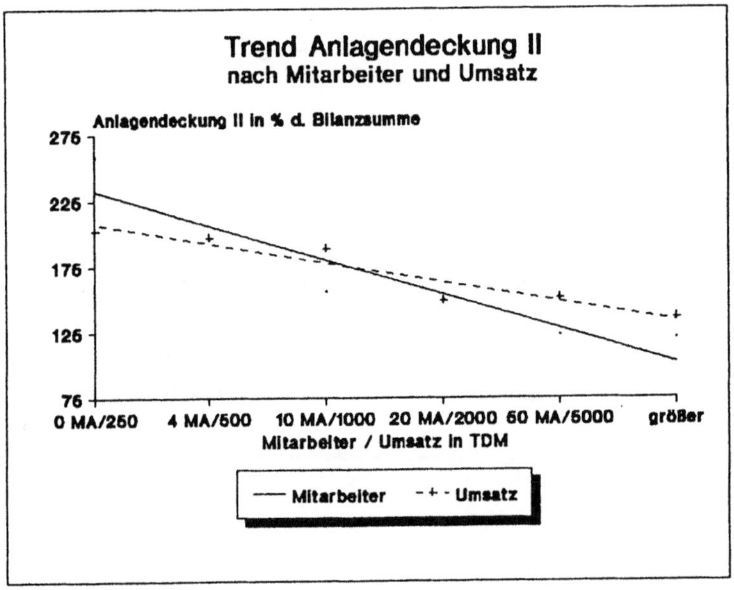

Darstellung 26:

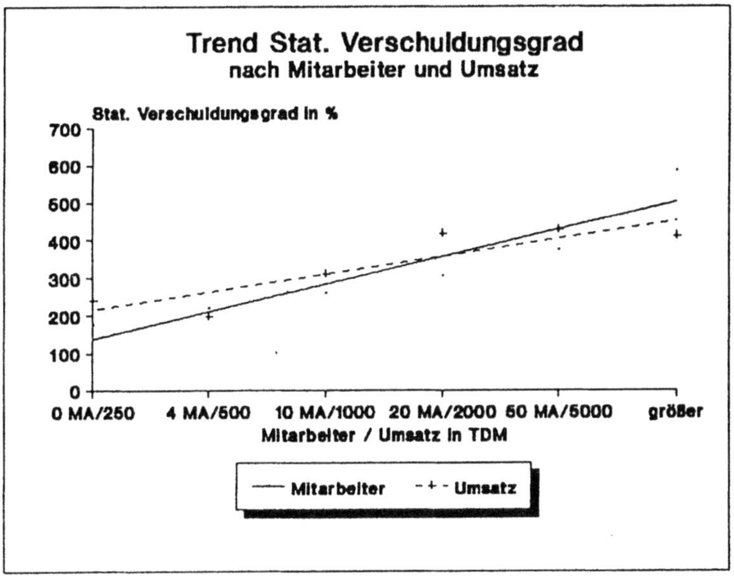

Darstellung 27:

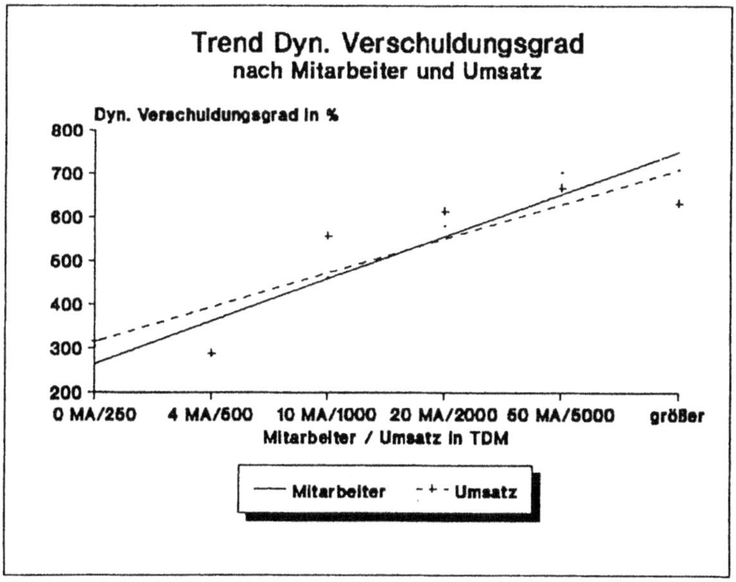

Darstellung 28:

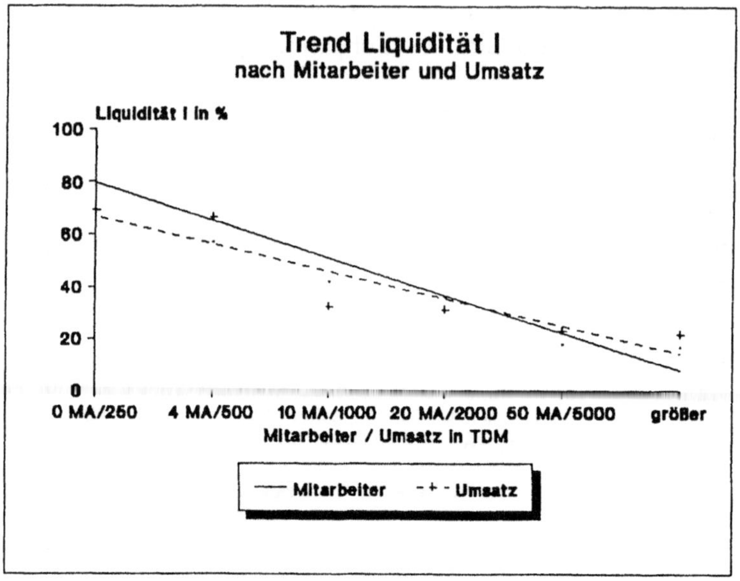

Darstellung 29:

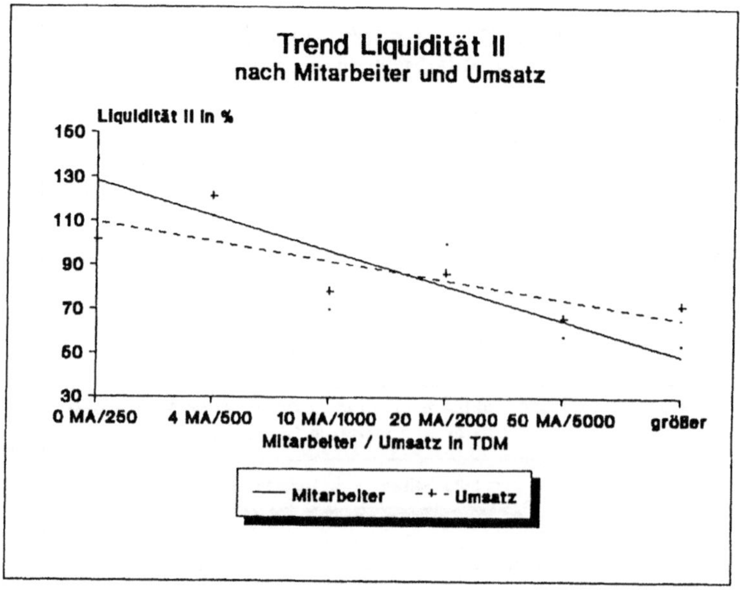

Darstellung 30:

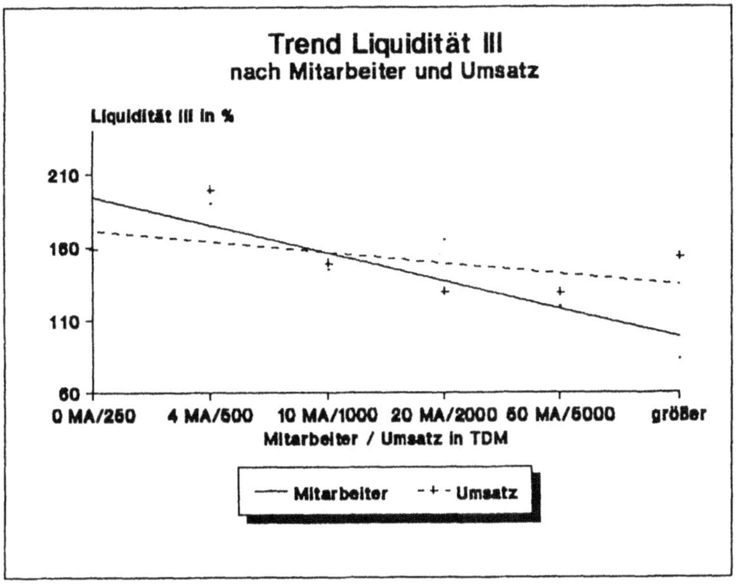

Darstellung 31:

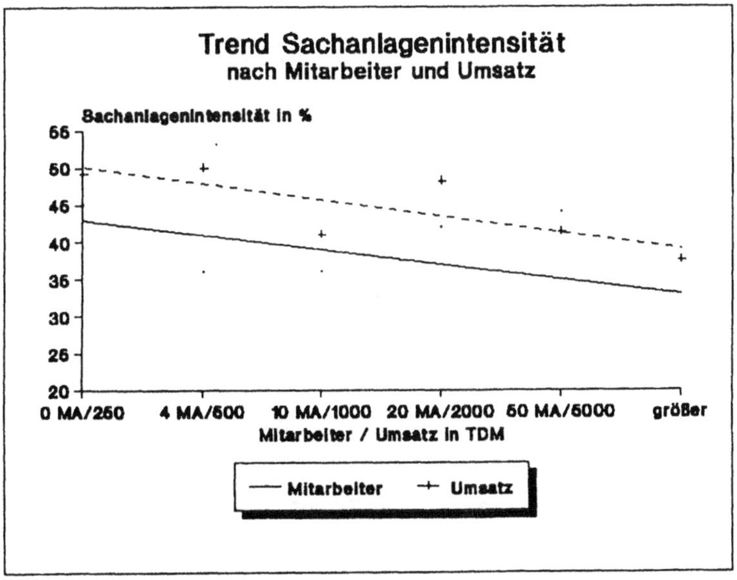

Darstellung 32:

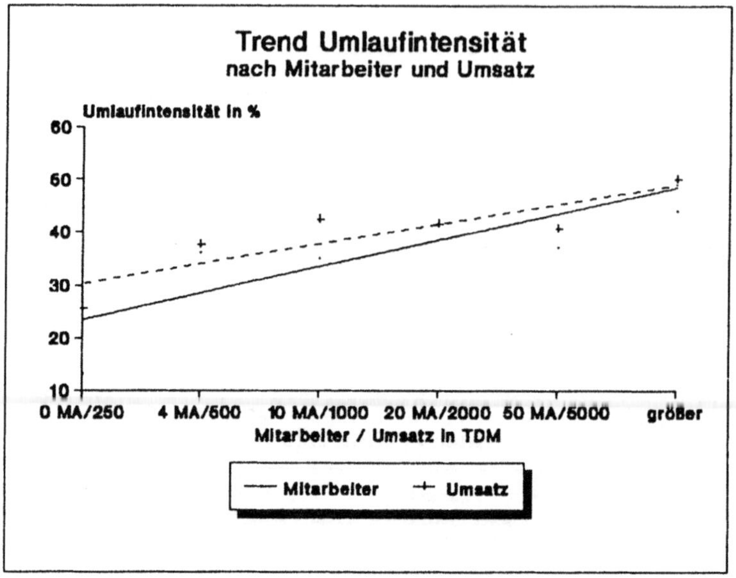

Darstellung 33:

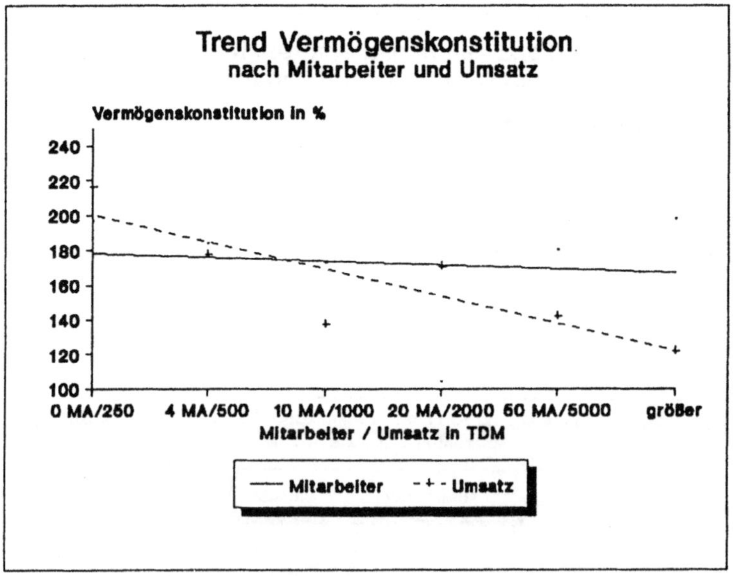

Darstellung 34:

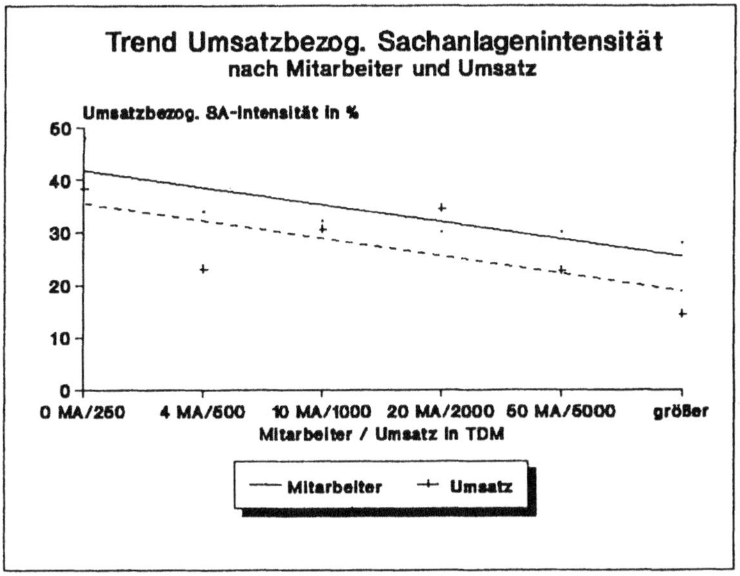

Darstellung 35:

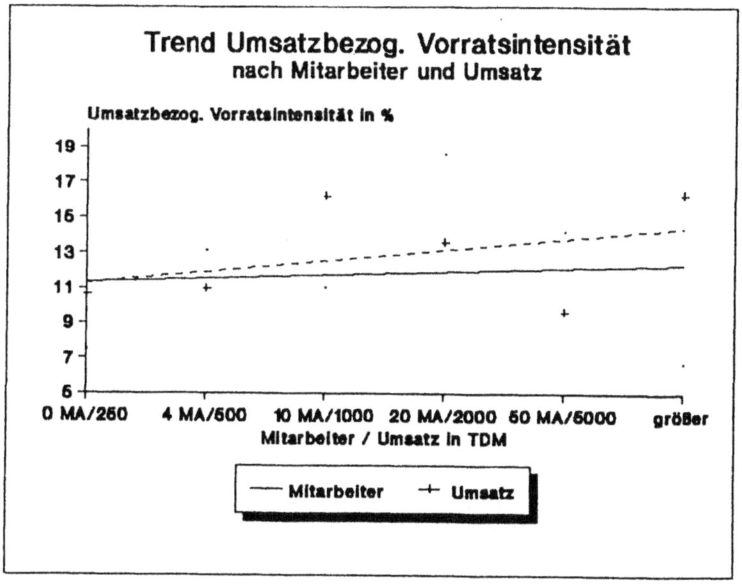

Darstellung 36:

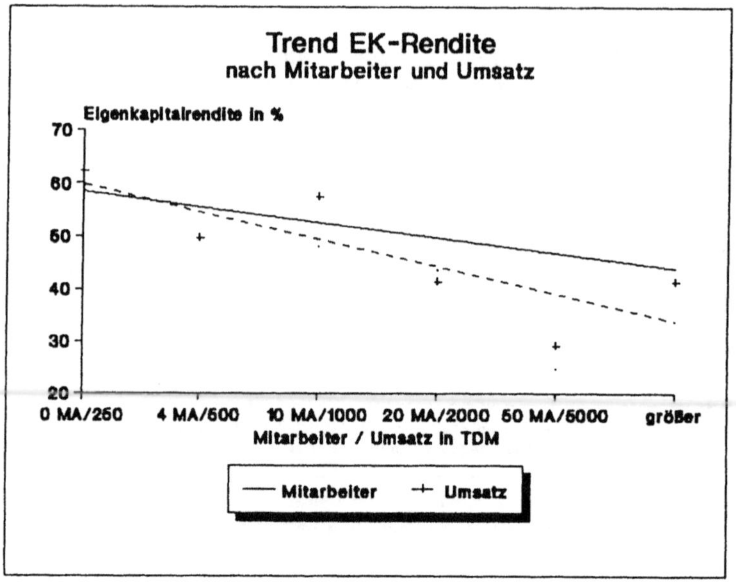

Darstellung 37:

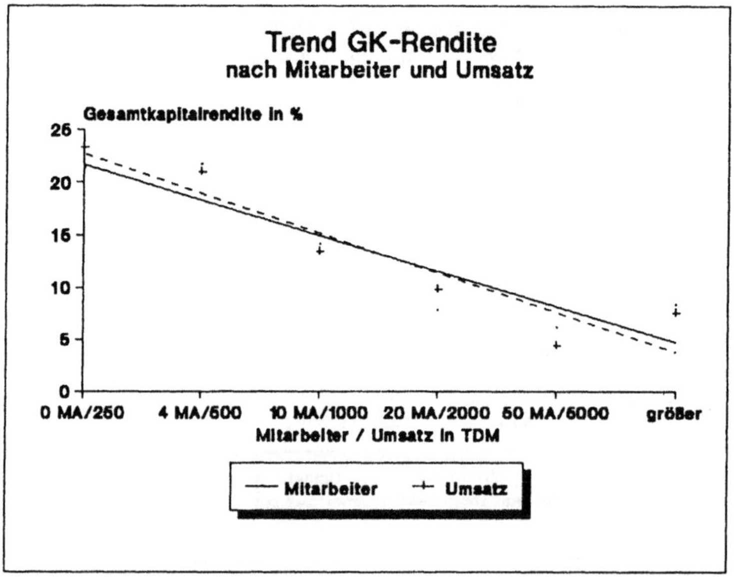

Darstellung 38:

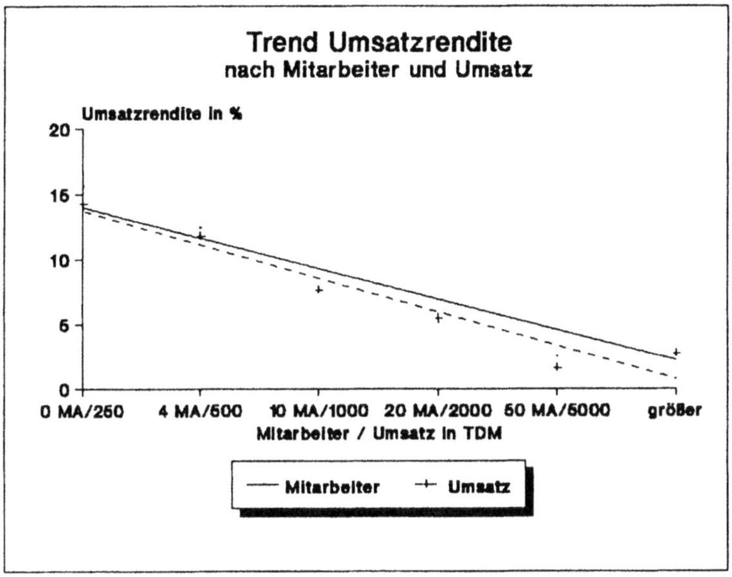

Darstellung 39:

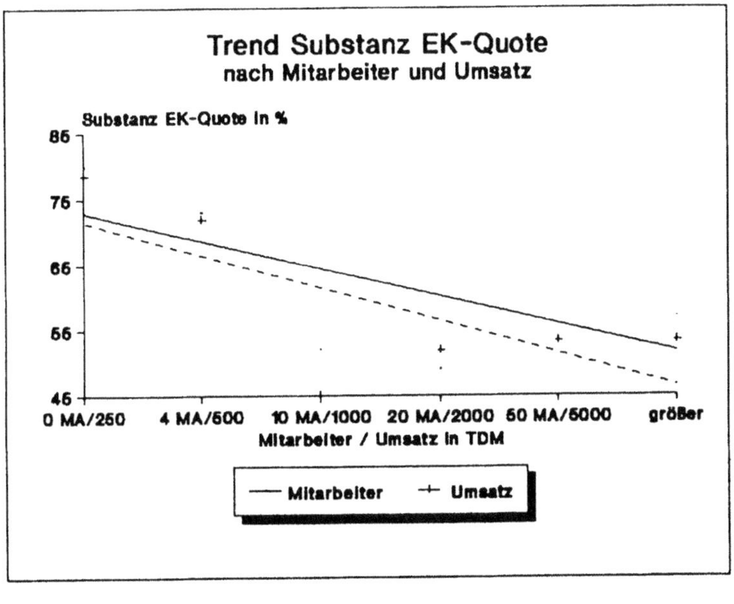

Es wird in den Trenddarstellungen sehr deutlich, daß die Aussage der tendenziellen Verschlechterung der betriebswirtschaftlichen Kennziffern mit steigender Betriebsgröße zutrifft. Wie bereits ausgeführt wurde, ist das Kriterium der Betriebsgröße nach Umsätzen im Handwerk nicht ohne weiteres sinnvoll anwendbar, was in einer teilweisen Abweichung der Trendlinien auch zum Ausdruck kommt. Da jedoch andere Untersuchungen auf der Größe Umsatz fußen, wurde zu Vergleichszwecken diese Größe in die Trendbetrachtungen einbezogen. Die Ergebnisse nach dem Größenkriterium Mitarbeiter sind dagegen sinnvoll über alle Handwerksgruppen interpretierbar.

Das Zahlenmaterial der Untersuchung ist selbstverständlich eine "Momentaufnahme" durch die Stichtagsbezogenheit der Bilanzen. Daher ist es durchaus legitim, das Untersuchungsergebnis anzuzweifeln. Eine Wiederholung der Befragung könnte unter Umständen auch eine zeitraumbezogene Beurteilung erlauben. Voraussetzung hierfür wäre aber, daß genau die gleichen Unternehmen sich nochmals an der Untersuchung beteiligen, was bei der Anonymität der Datenabgabe nur schwerlich zu erreichen ist.
Aber auch dann könnten die jeweiligen Bilanzen nicht den vorliegenden Daten zugeordnet werden.

Trotzdem wurde mit dem vorliegenden Material eine gewisse grundlegende Selbstauskunft dargestellt, die in dieser Form bisher noch nicht erfolgt ist.

3. Die Beurteilung im Lichte der Mittelstandspolitik

Die Beurteilung des Ergebnisses im Lichte der Mittelstandspolitik ist nur dann eindeutig, wenn das Kriterium "Mittelstand" definiert wird.

In Zusammenhang mit dieser Arbeit muß der Mittelstand auf Unternehmen des handwerklichen Spektrums reduziert werden. Dabei sind bestimmte Größenordnungen festzulegen. Mittelstand in Verbindung mit Handwerk kann nur bedeuten, daß insgesamt Betriebe, vor allem Einzelunternehmen, mit bis zu 50 Mitarbeitern und Bilanzsummen mit bis zu 5 Mio. DM hinzugerechnet werden. Größere Unternehmen haben im "Mittelstand des Handwerks" keinen einordnungsfähigen Platz, denn sie sind dann handwerksmäßig betrachtet bereits Großbetriebe.

Wie am Anfang der Untersuchung erläutert wurde, haben aber insbesondere mittelständische Unternehmen der Gesamtwirtschaft Eigenkapitalmängel. Die Großbetriebe des Handwerks sind ebenfalls von diesem Sachverhalt betroffen, was durch die Untersuchung belegt wurde. Auch sie haben schlechtere Eigenmittelquoten und tragen dadurch zur Eigenkapitalmisere des gewerblichen Mittelstandes bei.

Ausgenommen werden muß hiervon der ganze "Mittelstand im Handwerk", der unterhalb der genannten Größen liegt. Es wird klar, daß die durchschnittlichen Eigenkapitalquoten, die besser sind als gemeinhin behauptet wird und in dieser Untersuchung nachgewiesen wurden, durch den Einfluß der großen Handwerksunternehmen im Durchschnitt einfach verfälscht werden.

Als Erkenntnis kann gewonnen werden, daß eine Förderung des mittelständischen Handwerks darauf gerichtet sein müßte, vor allem die kleinen und mittleren Unternehmen zu erhalten beziehungsweise weitere Gründungen zu forcieren und die größeren Betriebe zu stützen.

Die kleineren und mittleren Unternehmen haben nicht unbedingt den starken Bedarf nach zusätzlichen Eigenmitteln. Politische Maßnahmen zur Stärkung der Eigenkapitalquoten, die für die größeren, oft an Eigenmittelnot leidenden, aber insgesamt zahlenmäßig nur gering auftretenden Betriebe durchaus wünschenswert wären, haben eventuell nicht die erhoffte Wirkung. Die kleineren Unternehmen sind aber die wirtschaftlich gut funktionierenden Einheiten und verdienten deshalb die besondere Aufmerksamkeit und Hege der Politik. Die größeren Unternehmen hingegen brauchen vor allem Hilfestellung. Ein möglicher Weg für diese Betriebe, die oft aufgrund ihrer Konkurrenz zum Industrieprodukt in Schwierigkeiten geraten sind[1], wäre eine Zurückentwicklung oder auch Gesundschrumpfung in die eigentlich handwerklichen Strukturen, wie dies zum Beispiel in den vergangenen Jahren im Baubereich erfolgreich praktiziert wurde.

Wie aber könnte dann eine Mittelstandspolitik, abgesehen von Maßnahmen zur Eigenkapitalstärkung in Form von Steuererleichterungen oder ähnlichem, gestaltet sein, damit sie dem breiten Spektrum des Handwerks möglichst viel Nutzen bringt?

In Bayern und Baden-Württemberg befindet sich annähernd die gleiche Struktur der Handwerksbetriebe nach Handwerksgruppen und Betriebsgrößen nach Mitarbeiterzahlen.[2] Dabei erzielte des Württembergische Handwerk eine durchschnittliche Jahresleistung von 108 TDM pro Mitarbeiter im Vergleich zum Bayerischen Handwerk von 101 TDM. Diese höhere Produktivität im "Musterländle" ist nicht einfach nur durch eine andere Preissituation zu erklären. Es fällt allerdings auf, daß in Baden-Württemberg, verglichen mit der Landesfläche Bayern, eine sehr viel höhere Dichte an Betrieben besteht. Gerade das aber mag ein Grund für die höhere Leistungsfähigkeit des Württembergischen Handwerks sein, denn bekanntlich forciert der Wettbewerb das Geschäft.

1) Vgl. Döring, U.: Zur Wettbewerbsposition des Handwerks, in: Der Betrieb, J. 41, H. 30, S. 1505

2) Vgl. BMWI: Bericht über die Lage des Handwerks..., a.a.O., S. 13 ff.

Vor diesem Hintergrund wäre eine mögliche Rezeptur für eine nutzenbringende Stützung der Handwerkswirtschaft das Schaffen von besseren Rahmenbedingungen durch eine Wirtschafts- und Finanzpolitik, die es den Handwerkern vermehrt gestattet, den Sprung in die Selbständigkeit zu wagen.

Das größte Hindernis auf dem Weg in die Selbständigkeit ist in Deutschland zunächst die abzulegende Meisterprüfung, also der "Große Befähigungsnachweis". Das Arbeitsförderungsgesetz, demzufolge die während eines Meisterkurses bezogenen Unterhaltsleistungen des Arbeitsamtes nur leihweise zur Verfügung stehen, erweist sich als Hemmnis. Nach Abschluß des Meisterkurses sind diese Leistungen zurückzuzahlen. Es sammelt sich schnell ein Betrag von 10.000 DM oder noch mehr an. Der Handwerker, der vielleicht für die Einrichtung eines Betriebes schon nicht genügend Mittel hat[1], schreckt vor der Verschuldung zurück, weil ja auch die Selbständigmachung schon ein großes Risiko für ihn bedeuten kann (vgl. Abschnitt II, 3.3.).

Gerade für die Zukunft scheint dies ein besonderes Problem zu werden. Im Rahmen des Europäischen Binnenmarktes will Deutschland an den traditionellen Meisterprüfungen festhalten. Die anderen europäischen Handwerker können sich aber dann ohne einen solchen Meisterbrief ungehindert niederlassen. Dies würde wettbewerbspolitisch einen großen Nachteil für die einheimichen Handwerker bedeuten, wenn man einmal den eventuellen Vorteil des "Human capital" in Form einer besseren Ausbildung unberücksichtigt läßt.

Aus diesem Grund besteht unter Zugrundelegung der vorliegenden Untersuchung neben der Erkenntis für die nur begrenzt gegebenen Notwendigkeit einer weiteren Verbesserung der Eigenkapitalsituation in Teilbereichen des mittelständischen Handwerks auch die Forderung, den Weg zur Meisterprüfung und damit zur Selb-

1) Vgl. Becker, H. P.: Gründungsprobleme und die Förderung von Existenzgründungen - Ergebnisse einer Befragung in Baden-Württhemberg, in: Zeitschrift für betriebswirtschaftliche Forschung, 34. Jg. 1982, Nr. 6, S. 510 ff.

ständigmachung nicht durch wenig hilfreiche Schranken zu verbauen. Denn volkswirtschaftlich gesehen ist wohl die vergleichsweise "kleine Investition" in einen Handwerksmeister in Form der Gewährung von nicht zurückzahlbarem Unterhaltsgeld relativ gering gegenüber dem Nutzen, den ein selbständiger Handwerksmeister einer Volkswirtschaft bringen könnte.

Diese Erkenntnis ist ja nicht neu und darum gibt es die Eigenkapitalhilfeprogramme und, seit einiger Zeit, das Eigenkapital-Ansparprogramm für Jungunternehmer. Dieser Weg ist dem Grunde nach richtig, nur noch nicht effektiv genug.

Diese Untersuchung befaßt sich mit der Kapitalsituation im Ostbayerischen Handwerk. Deshalb soll auch die Bayerische Mittelstandspolitik besonders beeinflußt werden. Die vorhandenen bayerischen Programme sind, wie ausführlich dargelegt wurde, ein äußerst wichtiges Finanzierungsinstrument für das Handwerk. Trotzdem fehlt eine wichtige Komponente, nämlich der staatliche Anreiz für die Selbständigmachung junger Handwerker.

Wie junge Familien vom Bayerischen Staat durch die Bezahlung eines kostengeringen Darlehens oder auch Zuschüssen gefördert werden, käme bei vernünftiger Erwägung auch eine grundsätzliche Förderung junger Handwerksmeister in Betracht. Diese könnte in Form kostenloser Darlehen oder im besonderen Gebiet des Zonenrandes auch in Form von Zuschüssen gewährt werden. Sie müßte an den Umstand der Handwerkseintragung geknüpft sein.

Gerade in Ostbayern wäre eine größere Dichte und damit eine größere Flächendeckung durch kleine und mittlere Handwerksbetriebe zu verwirklichen, insbesondere aufgrund der neuen politischen Entwicklungen und Öffnung der Ostgrenzen. Durch diese Maßnahmen könnte schließlich auch die nach wie vor anhaltende Abwanderungstendenz aus den ländlichen Gebieten aufgehalten werden.

Abschnitt VI

A N H A N G

HANDWERKSKAMMER NIEDERBAYERN · OBERPFALZ

Regensburg, den 07.04.89

Sehr geehrte Damen und Herren,

die Kapitalsituation im Ostbayerischen Handwerk ist Gegenstand einer wissenschaftlichen Untersuchung, die von Frau Ursula Nessmayr, Diplomandin der Betriebswirtschaft an der Fachhochschule in Regensburg, durchgeführt wird. Die Handwerkskammer begrüßt diese Arbeit, an deren Ergebnis auch das Bayerische Staatsministerium für Wirtschaft und Verkehr interessiert ist und bittet Sie um Ihre Mitwirkung. Sie soll Argumentationsgrundlagen für mittelstandspolitische Entscheidungen geben, die auch den Betrieben im hiesigen Raum zu gute kommen.

Dazu müssen Informationen gesammelt und ausgewertet werden. Für die hierfür notwendigen Erhebungen sind die Handwerksbetriebe in der Stadt Weiden und im Landkreis Neustadt an der Waldnaab ausgewählt. Als Anlage erhalten Sie deshalb einen Fragebogen, mit dem die Daten Ihres Betriebes v ö l l i g a n o n y m erfaßt werden. Das Ausfüllen dürfte nicht mehr als eine halbe Stunde in Anspruch nehmen. Bitte beachten Sie einige Hinweise auf der vorletzten Seite dieses Schreibens.

Mir möchten Sie bitten, diese kleine Mühe auf sich zu nehmen und damit zum Gelingen dieser Untersuchung beizutragen, indem Sie die Fragen beantworten und den ausgefüllten Bogen mittels beiliegendem Rückantwortkuvert bis spätestens 26.04.89 an die Handwerkskammer, Außenstelle Weiden, schicken.

Mit freundlichen Grüßen

i. V.

Johann Scherr
Hauptabteilungsleiter

i. A.

Bernhard Konopka
Betriebsberater,
Außenstelle Weiden

Anlagen
1 Fragebogen
1 Rückantwortkuvert

Hauptverwaltungssitze	Telefon	Telex	Telefax	Bankverbindungen	
8390 Passau, Nikolastraße 10	(08 51) 53 01-0	851 800 Hwk Pa	08 51 / 581 45	Sparkasse Passau	(BLZ 740 500 00) Kto. 240 002 600
8400 Regensburg, Dittmerstraße 10	(09 41) 79 65 0	941 8113 Hwk Re	09 41 / 792 550	Volksbank Regensburg	(BLZ 750 900 00) Kto. 60 178
				PostGiro München	(BLZ 700 100 80) Kto. 400 41-805

Präsidenten: Gerhard Bertram / Hans Scheid Hauptgeschäftsführer: Anton Hinterdobler

Hinweise für das Ausfüllen des Fragebogens:

1. Für das Ausfüllen brauchen Sie die letzte Bilanz und Gewinn- und Verlustrechnung, sofern Sie Bestandsvergleich machen. (Betriebe mit Betriebsaufspaltung sollten die Bilanz der Besitzfirma und die GUV-Rechnung der GmbH verwenden).

2. Nehmen Sie sich bitte eine halbe Stunde Zeit!

3. Falls Sie selbst keine Zeit oder keine Lust haben, den Fragebogen auszufüllen, bitte geben Sie ihn an Ihren Steuerberater weiter.

4. Alle Fragen sind so gestellt, daß Sie in den allermeisten Fällen nur anzukreuzen brauchen.

5. Die Eintragungen auf dem Bogen sind absolut a n o n y m. Ihre Antworten lassen keinen Rückschluß auf Ihren Betrieb zu. Sie können also auch hier beruhigt Ihre wahre Meinung wiedergeben.

6. Bitte rufen Sie an unter der Telefonnr.: 09 61/50 81 (Handwerkskammer, Außenstelle Weiden), wenn irgend etwas Schwierigkeiten bereitet oder wenn Sie Fragen haben. Frau Nessmayr steht Ihnen gerne beratend zur Seite oder falls Sie es wünschen, ist sie auch persönlich beim Ausfüllen des Bogens behilflich.

7. Bitte beachten Sie, daß der späteste Rückgabetermin der 26. April 1989 ist.

Zu Punkt 3

Sehr geehrter Herr Steuerberater,

Ihr Mandant hat Ihnen den Fragebogen zum Ausfüllen übergeben und wir bitten Sie ganz besonders herzlich um baldige Beantwortung (spätestens zum 26.04.89!).

Auch in Ihrem Interesse wird die Situation des Handwerks im hiesigen Raum untersucht. Denn wer wollte verneinen, daß gerade das Handwerk die Unterstützung und Dienste der steuerberatenden Berufe besonders in Anspruch nimmt.

F R A G E B O G E N

(Teilweise können sich Mehrfachnennungen ergeben)

1. Unser Betrieb zählt zur Handwerksgruppe:
   - Bau und Ausbau ○
   - Metall ○
   - Holz ○
   - Bekleidung ○
   - Nahrung ○
   - Gesundheit ○
   - Glas, Papier usw. ○
   - Handwerksähnliche ○

2. Wir haben die Rechtsform:
   - Einzelunternehmen ○
   - Personengesellschaft (z.B. KG) ○
   - Kapitalgesellschaft (z.B. GmbH) ○
   - Mischformen (z.B. GmbH & Co. KG) ○
   - Betriebsaufspaltung ○

3. Unser Betrieb besteht:
   - noch kein Jahr ○
   - 1 bis 2 Jahre ○
   - 3 bis 4 Jahre ○
   - 5 bis 10 Jahre ○
   - 11 bis 20 Jahre ○
   - länger als 20 Jahre ○

4. Unsere Mitarbeiterzahl beträgt im Jahresdurchschnitt:
   - keine Mitarbeiter ○
   - 1 bis 4 Mitarbeiter ○
   - 5 bis 10 Mitarbeiter ○
   - 11 bis 20 Mitarbeiter ○
   - 21 bis 50 Mitarbeiter ○
   - mehr als 50 Mitarbeiter ○

5. Unsere Betriebsgebäude sind:
   - gepachtet/gemietet ○
   - unser Eigentum ○
   - enthalten auch Privathaus/-wohnung ○

6. Unser Betrieb ist im Zonenrandgebiet:
   - ja ○
   - nein ○

7. Unsere Umsatzerlöse werden hauptsächlich erzielt durch:
   - reine Handwerksleistungen ○
   - Handel- und Handwerksleistungen ○
   - Handwerksähnliche Dienstleistungen ○

8. Wie war die Geschäftslage 1988?
   Gut ○ Durchschnittlich ○ Schlecht ○

9. Fühlen Sie sich durch Konjunkturschwankungen betroffen?
   - Ja, sehr ○
   - Ja, aber nur unwesentlich ○
   - Nein ○

10. Wie ist die derzeitige Auftragslage?
    Gut ○ Durchschnittlich ○ Schlecht ○

11. Wie sind Ihre Erwartungen für das ganze Jahr 1989?
    - Gut, wir rechnen mit einer Umsatzsteigerung ○
    - Durchschnittlich, wir rechnen mit den gleichen Ergebnissen ○
    - Schlecht, wir erwarten Umsatz- bzw. Ertragseinbußen ○

12. Fühlen Sie sich durch Schwarzarbeit geschädigt?
    - Ja, sehr ○
    - Nein oder nur unwesentlich ○

13. Haben Sie vor, in den folgenden 3 Jahren zu investieren?

Ja, und zwar — Nein ○

○ Maschinen, Fuhrpark usw.

○ Gebäude ○ Sonstiges

14. Falls ja, werden Sie zur Finanzierung auch öffentliche Hilfen (z.B. zinsvergünstigte Darlehen, Investitionszuschüsse) in Anspruch nehmen?

Ja, hauptsächlich ○

Ja, aber nur zum kleineren Teil ○

Nein, weil kein Bedarf besteht ○

Nein, weil uns die Möglichkeiten nicht so gut bekannt ○

sind bzw. das Antragsverfahren kompliziert ist ○

15. Haben Sie schon einmal mit öffentlichen Finanzierungshilfen investiert?

Ja ○

Nein ○

16. Hatten Sie schon einmal Schwierigkeiten bei der Genehmigung von Darlehens- oder Kreditanträgen, weil Ihre Sicherheiten nicht ausgereicht haben?

Ja, wir erhielten das Darlehen/Kredit deswegen nicht ○

Ja, aber wir konnten anderweitig Sicherheiten beschaffen (z.B. Privatvermögen, Verwandtenbürgschaften usw.) ○

Nein ○

17. Zu welcher Bankengruppe gehört Ihre Hausbank?

Sparkasse ○

Genossenschafts-/Volks- oder Raiffeisenbank ○

Großbank (Z.B. Deutsche Bank) ○

Privatbank (z.B. Schmidt-Bank) ○

Post/sonstige ○

18. Fühlen Sie sich bei Ihrer Hausbank gut beraten, auch über öffentliche Finanzierungshilfen oder Geldanlagen?
Ja, ich bin durchwegs zufrieden ○
Ja, könnte aber besser sein ○
Nein ○

19. Nutzen Sie die Beratungsmöglichkeiten der Handwerkskammer, der Innungen oder sonstigen Fachverbände (z.B. hinsichtlich der Preisgestaltung, Betriebsvergleiche, Finanzierungsmöglichkeiten)?
Ja, regelmäßig ○
Ja, hin und wieder ○
Nein ○

20. Wer macht überwiegend Ihre Buchhaltung?
Selbst (auch Ehepartner oder Bürokraft) ○
Steuerberater ○

21. Welche Art von Buchhaltung haben Sie?
Einnahmen-Überschuß-Rechnung ○
Bestandsvergleich mit Bilanzen, Inventuren usw. ○

22. Wer erledigt Ihre Büroarbeiten (z.B. Rechnungen schreiben)?
Selbst/Ehepartner ○
Bürokraft ○
sonstige (z.B. Steuerberater) ○

23. Wie lange dauert es durchschnittlich, bis Ihre handwerkliche Leistung in Rechnung gestellt wird?
Bis zu einem Monat ○
Bis zu einem Vierteljahr ○
Bis zu einem Jahr, manchmal auch länger ○

24. Berechnen Sie einstweilen Abschlagszahlungen?
Ja, häufig ○
Nein, oder nur sehr selten ○

25. Haben Sie Liquiditätsprobleme, z.B. weil Ihre Kunden langsamer zahlen als Ihre Lieferantenverbindlichkeiten fällig sind?
    - Ja, häufig ◯
    - Ja, manchmal ◯
    - Nein ◯

26. Falls ja, wie schließen Sie diese Lücken?
    - Wir nehmen Kontokorrentkredite auf ◯
    - Wir füllen diese Lücken mit Privateinlagen ◯
    - Wir nehmen verstärkt Lieferantenkredite in Anspruch ◯

27. Haben Sie außer dem betrieblichen Vermögen auch Privatbesitz (z.B. Wohnhaus, Wertpapiere, Sparverträge usw.)?
    - Ja, Immobilien ◯
    - Ja, Barvermögen (auch Wertpapiere, Sparverträge usw.) ◯
    - Nein, wir haben alles im Betrieb investiert ◯

28. Haben Sie neben Ihrem Betrieb eine zusätzliche Altersvorsorge?
    - Ja, wir sind im Alter versorgt (z.B. durch Rentenversicherung oder Lebensversicherung) ◯
    - Ja, aber noch nicht ausreichend ◯
    - Nein, denn unser Betrieb soll die Altersversorgung sein ◯

Die nächsten Angaben gelten nur für Betriebe, die Bilanzen erstellen!

Bitte tragen Sie Ihre letzten Bilanzzahlen und die Zahlen aus Ihrer Gewinn- und Verlustrechnung in nachfolgendes Schema ein.

Neben der Spalte Bilanzansatz finden Sie noch die Spalte "tatsächlicher Wert". Auch in Ihrer Bilanz werden nämlich aufgrund von Abschreibungen und Bewertungen eventuell Positionen enthalten sein, die nicht der Wirklichkeit, also dem echten Zeitwert entsprechen und damit den Wert Ihres Betriebes verfälschen.

Deshalb muß der richtige, echte Wert in die Untersuchung einbezogen werden.

Bitte tragen Sie diesen tatsächlichen Wert in die Bilanzaufstellung ein. Verwenden Sie dafür die Werte, die Ihrer Meinung nach richtig sind bzw. die Werte, die als Verkaufspreise erzielt werden könnten.

Bilanz per 31.12.19.. (bitte nehmen Sie Ihre Bilanzerläuterungen zu Hilfe)

Aktiva	Bilanzansatz	tatsächl. Wert
Grundstücke........................	....	....
Gebäude............................	....	....
Maschinen..........................	....	....
Betriebs- und Geschäftsausstattung....	....	....
Fuhrpark...........................	....	....
Vorräte............................	....	....
Forderungen........................	....	....
Kasse/Bank.........................	....	....
sonstige Aktiva....................	....	....
Passiva		
Eigenkapital.......................	....	
Privateinlagen.....................	....	
Privatentnahmen....................	....	
Gewinn/-vortrag....................	....	
Verlust/-vortrag...................	....	
Rückstellungen/Rücklagen		
davon Pensionsrückstellungen......	....	....
davon sonstige Rückstellungen/Rücklagen.........		....
Langfristige Verbindlichkeiten........	....	
Kurzfristige Verbindlichkeiten		
davon Lieferantenverbindlichkeiten	....	
davon sonstige Verbindlichkeiten..	....	

Die Bilanzsumme beträgt DM..................

Gewinn- und Verlustrechnung 19..

	Umsatzerlöse	DM...............
-	Materialeinsatz (Wareneinkauf, RHB-Stoffe etc.)	DM...............
-	Fremdleistungen	DM...............
=	Rohergebnis	DM...............
+	sonstige Erträge/außerordentl. Erträge	DM...............
=	Gesamtertrag	DM...............
	Personalkosten	DM...............
+	Abschreibungen/Wertberichtigungen auf Sachanlagen	
	davon Abschreibungen nach Zonenrandförderungsgesetz	DM...............
	davon sonstige Abschreibungen/Wertberichtigungen	DM...............
+	Zinsen und ähnl. Aufwendungen	DM...............
+	Steuern vom Einkommen, Ertrag u. Vermögen	DM...............
+	Sonstige Aufwendungen/sonstige Steuern	DM...............
=	Gesamtaufwand	DM...............
	Jahresgewinn/Jahresüberschuß	DM...............
	Jahresfehlbetrag	DM...............
	Verlustvortrag/Gewinnvortrag Vorjahr	DM...............
=	Bilanzergebnis	DM...............

Definition der verwendeten Kennzahlen:[1]

Eigenkapitalquote	= Eigenkapital / Gesamtkapital
Substanz-Eigenkapitalquote	= Anlagevermögen und Rückstellungen nach Substanzwerten / Bilanzsumme
Anlagendeckung I	= Eigenkapital / Sachanlagevermögen
Anlagendeckung II	= Eigenkapital + langfristiges Fremdkapital/Sachanlagevermögen
Stat. Verschuldungsgrad	= Fremdkapital / Eigenkapital
Dyn. Verschuldungsgrad	= Fremdkapital / Cash flow
Liquidität I	= Geldmittel / kzfr. Fremdkapital
Liquidität II	= Geldmittel + Forderungen / kzfr. Fremdkapital
Liquidität III	= Umlaufvermögen / kzfr. Fremdkapital
Anlagenintensität	= Anlagevermögen / Gesamtkapital
Umlaufintensität	= Umlaufvermögen / Gesamtkapital
Vermögenskonstitution	= Anlage- / Umlaufvermögen
Nettoverschuldung	= kzfr. Fremdkapital - Geldmittel
Umsatzbezogene Sachanlagenintensität	= Sachanlagenintensität / Umsatz
Umsatzbezogene Vorratsintensität	= Vorräte / Umsatz
Eigenkapitalrendite	= Gewinn / Eigenkapital
Gesamtkapitalrendite	= Gewinn + Fremdkapitalzinsen / Gesamtkapital
Cash flow	= Gewinn + Abschreibungen
Working Capital Ration	= Umlaufvermögen / kzfr. Fremdmittel
Abschreibungsquote	= Abschreibungen auf Sachanlagen / Sachanlagevermögen
Wertschöpfungsquote	= Rohertrag / Umsatz
Personalintensität	= Personalaufwand / Umsatz
Kapitalumschlag	= Umsatz / Gesamtkapital
Umsatzrendite	= Gewinn / Umsatz

1) Gewinn vor Steuern

DARSTELLUNGSVERZEICHNIS **Seite**

TABELLENVERZEICHNIS **Seite**

LITERATURVERZEICHNIS

Albach, H.: Ertragslage und Kapitalstruktur kleiner und mittlerer Unternehmen des verarbeitenden Gewerbes in der Bundesrepublik Deutschland. Gutachten, München 1988.

derselbe: Finanzierungsregeln und Kapitalstruktur der Unternehmung, in: Christians, F.W. (Hrsg.): Finanzierungshandbuch, Wiesbaden 1980.

Bachmann, H.E.: Finanzierungsverhältnisse im Handwerk, in: Deutsches Handwerksblatt 20/88, Bonn.

Baugewerbe-Verband Niedersachsen: Betriebsvergleiche 1975 - 1981 über den Umfang von Rückstellungen des Bau- und Ausbaugewerbes in Niedersachsen, Hannover.

Bayerischer Handwerkstag: Handwerk '89 aktuell: Daten über Handwerk und Wirtschaft 1988 und 1989 in Bayern und in der Bundesrepublik Deutschland, München 1989.

derselbe: Geschäftsbericht: Das bayerische Handwerk im Jahre 1987 und im 1. Halbjahr 1988, München 1988.

Bayerische Staatsregierung: Grenzlandbericht 1986, München

Becker, H.P.: Gründungsprobleme und die Förderung von Existenzgründungen, in: Zeitschrift für betriebswirtschaftliche Forschung, 34. Jg. 1982, Nr. 6.

Beckermann, T.: Das Handwerk in der Bundesrepublik Deutschland, Berlin 1980.

Bundesministerium für Wirtschaft: Bericht über die Lage des Handwerks 1987, Bonn 1988.

dasselbe: Das Handwerk, Bonn, Juni 1987.

dasselbe: Leistung in Zahlen '87, Bonn 1988.

Büschgen, H. E.: Handwörterbuch der Finanzwirtschaft, Arnim, v.B.: Eigenkapital, Stuttgart 1975.

derselbe: Grundlagen betrieblicher Finanzwirtschaft, Unternehmensfinanzierung, 2. Aufl., Frankfurt/Main 1979.

Cassier, S.C.: Die spezifischen Finanzierungsmöglchkeiten der mittelständischen Unternehmungen, in: Wossidlo (Hrsg.): Die Finanzierung mittelständischer Unternehmungen in Deutschland, Berlin 1985.

Coenenberg, A.G.: Jahresabschluß und Jahresabschlußanalyse 10. durchges. Aufl., Landsberg/Lech 1988.

Commerzbank: Branchenbericht: Das Handwerk, 10/87 Frankfurt

Deutsche Bundesbank: Sonderdrucke: Verhältniszahlen aus den Jahresabschlüssen der Unternehmen in der Bundesrepublik Deutschland, verschiedene Jahrgänge.

Deutsche Bundesbank: Geschäftsberichte, verschiedene Jahrgänge

Deutsches Handwerks-Institut: Betriebswirtschaftliche Kennzahlen zur Existenzgründung im Handwerk, München 1982.

Deutsche Handwerks Zeitung: Branchennachrichten, Bad Wörishofen, verschiedene Ausgaben

Döring, U.: Zur Wettbewerbsposition des Handwerks, in: Der Betrieb, Jg. 41, H. 30

Dresdner Bank: Bancheninformation zum Handwerk, 11/1987

Finanzamt Weiden: Über 11 Prozent mehr Steueraufkommen, in: Der Neue Tag, Weiden, 24.2.89.

Fischer, O.: Die Finanzierungsarten I und II, in: WiSo, 2. Jg., 1974

Fritsch, U.: Die Eigenkapitallücke in der Bundesrepublik Deutschland, Köln 1981.

Gaul, D.: Die Abgrenzung des Handwerksbetriebes vom Industriebetrieb, in: Der Betrieb, Jg. 41, H. 12, Düsseldorf 1988.

Gemeinschaftsausschuß der Kreditgarantiegemeinschaften: Jahresbericht 1986/87 und 1987/88

Gieske,F.: Finanzanalyse, in: Christians, F.W. (Hrsg.): Finanzierungshandbuch, Wiesbaden 1980.

Gruhler,W.: Aspekte der Eigenkapitalausstattung deutscher Unternehmen unter besonderer Berücksichigung der Unternehmensgröße, der Rechtsform und des Wirtschaftsbereichs, in: Wossidlo (Hrsg.): Die Finanzierung mittelständischer Unternehmungen in Deutschland, Berlin 1985

Handwerkskammer Niederbayern Oberpfalz: Handwerkswirtschaft in Niederbayern Oberpfalz, Passau 1987 und 1988

dieselbe: Unternehmensführung im Handwerk - Betriebswirtschaft, Passau 1987.

Handwerkskammer Hamburg: Hamburger Handwerk 1987

Handwerkskammer Köln: Eigenkapitalquoten im Handwerk, Köln 1981

Heinrich, D: Die Finanzierungsproblematik im Produzierenden Handwerk, Göttingen 1985.

Huber, L.: Finanzierungsprobleme mittelständischer Unternehmen, in: Blum, R. (Hrsg.): Entwicklungsprobleme mittelständischer Unternehmen, Berlin 1981.

Irsch, N.: Die Eigenkapitalausstattung mittelständischer Unternehmen, in: Wirtschaftsdienst, Hamburg 1985/X

Klein-Blenkers, F.: Zur Verbesserung des Informationsstandes über leistungssteigernde Maßnahmen, Göttingen 1981.

Krause, M.: Die Finanzierung mit Pensionsrückstellungen, in: Hahn, O.: Handbuch der Unternehmensfinanzierung, München 1971.

Landesanstalt für Aufbaufinanzierung: Zahlen aus dem Bayerischen Mittelstandsförderungsprogramm, in: Der Neue Tag, Weiden, 26.7.1989.

Laub, K./ Zeiler, M./ Mayer, G.: Gründungssituation und Entwicklung öffentlich geförderter Handwerksbetriebe, DHI, München 1984.

Mischon, C.: Zum Problem der Diskreminierung mittelständischer Betriebe, Göttingen 1980.

Oelschläger, K.: Das Finanzierungsverhalten in der Klein- und Mittelindustrie, Köln 1971.

ohne Verfasser: Handwerkskredite vor allem von Sparkassen, in: Handelsblatt, Düsseldorf, 2.9.1988.

ohne Verfasser: Handwerk/Die technologische Weiterbildung für Prozeßinnovationen forcieren: Die Industriebetriebe fordern für Wartung und Kundendienst höhere Qualifikationen, in: Handelsblatt, Düsseldorf, 10.9.1987.

Reske, W./
Brandenburg, A./
Mortsiefer, H.J.: Die Insolvenzursachen mittelständischer Betriebe, 2. Aufl., Göttingen 1978.

Schimmelpfeng: Ergebnisse der Befragung von Konkursverwaltern über Konkursursachen, in: Schimmelpfeng (Hrsg.): Aktuelle Beiträge über Insolvenzen, Frankfurt/Main 1977.

Schneider, D.: Investition und Finanzierung. Lehrbuch der Investitions-, Finanzierungs- und Ungewißheitstheorie, 5. Auflage, Wiesbaden 1980.

Schreiber, R./
Glaser, W.: Der Einfluß der Steuern und Sozialaufwände auf die Finanzierung im Kleinbetrieb, Berlin 1974.

Sigloch, I.: Der Einfluß der Besteuerung auf die Eigenkapitalbildung der Unternehmung, in: Wossidlo (Hrsg.): Die Finanzierung mittelständischer Unternehmungen in Deutschland, Berlin 1985.

Sparkassen und
Landesbanken: Branchenbericht, verschiedene Ausgaben, Stuttgart.

Thorbach, R.P.: Die Entwicklung der Unternehmensgrößen in der Bundesrepublik Deutschland von 1962 bis 1972 - Mittelstandsstatistik, Göttingen 1975.

Verband der Vereine Creditreform: Jahresberichte, verschiedene Ausgaben, Neuß.

Vormbaum, H.: Finanzierung der Betriebe, 6. Aufl., Wiesbaden 1981.

Wernet, W.: Die Abgrenzung von Handwerk und Industrie, Münster 1965.

Wossidlo, P.R.: (Hrsg.): Die Finanzierung mittelständischer Unternehmungen in Deutschland, 1. Bayreuther Symposium für Betriebswirtschaft, Bayreuth, 3. - 4. März 1983, Berlin 1985.

Wirtschaftswissenschaftliche Beiträge

Band 28: Ingo Heinz und
Renate Klaaßen-Mielke
Krankheitskosten durch Luftverschmutzung
1990. 147 Seiten. Brosch. DM 55,-
ISBN 3-7908-0471-1

Band 29: Brigitte Kalkofen
Gleichgewichtsauswahl in strategischen Spielen
1990. 214 Seiten. Brosch. DM 65,-
ISBN 3-7908-0473-8

Band 30: Klaus G. Grunert
Kognitive Strukturen in der Konsumforschung
1990. 290 Seiten. Brosch. DM 75,-
ISBN 3-7908-0480-0

Band 31: Stefan Felder
Eine neo-österreichische Theorie des Vermögens
1990. 118 Seiten. Brosch. DM 49,-
ISBN 3-7908-0484-3

Band 32: Götz Uebe
Zwei Festreden Joseph Langs
1990. 116 Seiten. Brosch. DM 55,-
ISBN 3-7908-0487-8

Band 33: Uwe Cantner
Technischer Fortschritt, neue Güter und internationaler Handel
1990. 289 Seiten. Brosch. DM 75,-
ISBN 3-7908-0488-6

Band 34: Wolfgang Rosenthal
Der erweiterte Maskengenerator eines Software-Entwicklungs-Systems
1990. 275 Seiten. Brosch. DM 75,-
ISBN 3-7908-0492-4

GPSR Compliance

The European Union's (EU) General Product Safety Regulation (GPSR) is a set of rules that requires consumer products to be safe and our obligations to ensure this.

If you have any concerns about our products, you can contact us on ProductSafety@springernature.com

In case Publisher is established outside the EU, the EU authorized representative is:

Springer Nature Customer Service Center GmbH
Europaplatz 3
69115 Heidelberg, Germany

Batch number: 10816188

Printed by Printforce, the Netherlands